生命科学系列丛书

酸马奶发酵过程中原核微生物群落演替及其缓解便秘作用机制研究

乌日汗　著

黑龍江大學出版社
HEILONGJIANG UNIVERSITY PRESS
哈尔滨

图书在版编目（CIP）数据

酸马奶发酵过程中原核微生物群落演替及其缓解便秘作用机制研究 / 乌日汗著．-- 哈尔滨 ：黑龙江大学出版社，2020.8
ISBN 978-7-5686-0482-6

Ⅰ．①酸… Ⅱ．①乌… Ⅲ．①酸乳－发酵－研究 Ⅳ．①TS252.54

中国版本图书馆 CIP 数据核字（2020）第 051144 号

酸马奶发酵过程中原核微生物群落演替及其缓解便秘作用机制研究
SUANMANAI FAJIAO GUOCHENG ZHONG YUANHE WEISHENGWU QUNLUO YANTI JI QI HUANJIE BIANMI ZUOYONG JIZHI YANJIU
乌日汗 著

责任编辑 于 丹
出版发行 黑龙江大学出版社
地 址 哈尔滨市南岗区学府三道街 36 号
印 刷 哈尔滨市石桥印务有限公司
开 本 720 毫米 ×1000 毫米 1/16
印 张 13.5
字 数 214 千
版 次 2020 年 8 月第 1 版
印 次 2020 年 8 月第 1 次印刷
书 号 ISBN 978-7-5686-0482-6
定 价 42.00 元

目　录

第1章 绪论

自古以来,酸马奶都是非常受欢迎的发酵乳制品。酸马奶之所以受欢迎,是因为其诸多的医疗保健作用,例如对结核病等传染性疾病、消化系统疾病、心血管系统疾病等均有明显的辅助治疗作用。

1.1 酸马奶研究概述

酸马奶是以新鲜马乳为原料,在20 ℃左右经乳酸菌和酵母菌等微生物共同自然发酵1~3天形成的,因此蒙古语中称酸马奶为“策格”或“艾日格”,意为“发酵的马奶”,而在英语中常译为“Koumiss”。在我国,对酸马奶的记载最早出现在汉朝。据考证,在古代,居住在我国北方草原上的少数民族,由于游牧生活的需要,外出时经常将灌满马乳的动物皮囊背在身上,利用体温和颠簸作用,使皮囊内的马乳温度升高并不断地摇晃,促使它均匀发酵,制成了原始的酸马奶。而后经不断实践和经验积累,发明了“桐制”酿制方法,即用特制的棒(蒙古语称为“布鲁日”)上下搅拌,促进马乳均匀发酵,当发酵结束,可将大部分酸马奶成品从容器中取出,同时保留一部分作为下一次的发酵“引子”。该技术流传至现在。目前,在我国,内蒙古、新疆等地区制作和饮用酸马奶,在国外,蒙古国、俄罗斯、挪威、瑞典、丹麦、土耳其、阿富汗等地也制作和饮用酸马奶或类似发酵乳制品。酸马奶一直以来都被认为是一种营养物质丰富,具有一定药用价值的饮品。

1.1.1 酸马奶的食疗价值

早在14世纪,元朝太医、营养学家忽思慧所编著的《饮膳正要》里就有关于酸马奶的记载:其性轻而温,味甜、酸、涩。具有增强胃火,助消化,调理体质,促进精华与糟粕分解,柔软皮肤、活血化瘀,改善睡眠,解毒,补血等功效。明代医药学家李时珍将上述对酸马奶的见解吸收进《本草纲目》中。在18世纪,酸马奶被认为对肺结核、腹部肿瘤和消化不良引起的消耗性疾病有治疗作用。也有很多学者发表了有关酸马奶的报道,提出酸马奶可补虚健身,并可治卒中,对消化系统疾病、心血管系统疾病、呼吸系统疾病等有治疗作用。

关于其对肺结核的临床治疗效果,在1999年查哈达的研究结果中就有所体现。其研究结果表明,56名肺结核患者每天3次(早250 mL、午350 mL、晚450 mL)饮用酸马奶,同时加服3种蒙药,肺结核的治愈率高达91%,剩余5例病情也有不同程度的好转;苏雅拉吉日嘎等人的研究表明,58位肺结核及结核性胸膜炎患者,以每天3次、每次500~1 000 mL的量连续饮用酸马奶一段时间后,痊愈36例(占62%),好转20例(占34.5%),未愈2例(占3.4%)。

酸马奶在治疗冠心病方面的作用也早有记载。高血压和高血脂是冠心病主要的易患因素。张·巴斯尔进行了酸马奶治疗冠心病的临床研究,其分别测定了100例患者饮用酸马奶前后心电图、甘油三酯、胆固醇、血压水平等指标,结果表明:(1)酸马奶干预前,100例冠心病患者中有62例胆固醇水平高于正常者,而服用酸马奶后59例胆固醇水平下降,有效率达95.2%;(2)酸马奶对降低甘油三酯水平的有效率达94.9%;(3)酸马奶对调节血压水平的有效率达89.1%。该研究充分说明了酸马奶在调整血脂、血压方面的功效。原琪等人对采用酸马奶干预冠心病的62例患者进行了临床观察,得出同样结果,即酸马奶具有显著的降压、降脂、改善心肌缺血等作用。相关研究表明,酸马奶富含抗高血压作用的血管紧张素转化酶抑制肽(ACE抑制肽)。研究人员从哥伦比亚酸马奶中分离到的酵母菌也具有抑制血管紧张素转化酶的作用。有研究表明,酸马奶在发酵过程中可产生0.5%~1.0%的乳清酸,该物质可有效抑制血液中胆固醇的合成,以此降低血液中胆固醇含量,从而加快血液循环速度,起到辅助治疗高血压的作用。

现代医学证实，酸马奶含有乳酸菌、酵母菌等多种有益微生物，并具有益生元活性，可双向调节胃肠道内正常菌群的平衡，从而保护肠黏膜、增强肠蠕动、促进营养物质吸收和有害物质排泄等，对慢性胃炎、结肠炎、便秘、腹泻等胃肠道疾病具有辅助治疗作用。斯琴巴特尔等人选择60例慢性胃炎患者，分为西药治疗组和蒙药治疗组，同时采用酸马奶作为辅助治疗药物，让患者在三餐前均口服250 mL酸马奶，结果表明，蒙药治疗组总有效率达93.33%，西药治疗组总有效率为76.66%，表明蒙药结合酸马奶疗法治疗慢性胃炎具有较好的临床效果。刘忠贤等人研究发现，酸马奶可直接刺激肠壁而增加肠兴奋及肠蠕动，促进肠液分泌和润滑肠腔，使粪块软化、表面润滑而排出。

金花等人的研究结果表明，酸马奶中富含多种维生素以及神经系统物质交换所必需的微量元素，因此推测酸马奶有调整神经系统的功能，对于神经系统功能紊乱引起的神经性头痛、胃肠神经功能紊乱等疾病有良好的增疗效果。

酸马奶经消化道吸收后，作用于黏膜免疫系统T细胞，发生一系列复杂的免疫应答过程，最终达到增强人体免疫功能，调整胃肠消化功能，活化胰腺机能的目的。韩班布拉等人让45例过敏性鼻炎患者连续饮用酸马奶21天，发现酸马奶可通过诱导机体产生免疫保护作用，有效缓解过敏性鼻炎患者的症状，中重度患者的治疗有效率达91.1%。

由于酸马奶具有诸多食疗价值，因此即便在现代医疗技术迅猛发展和普及的今天，酸马奶疗法仍在食疗法中占据重要地位，且发挥着其独特的作用。

1.1.2 酸马奶的营养价值

酸马奶的食疗价值与其化学成分密不可分。酸马奶是由马乳发酵而成的，由表1－1可知，马乳是高蛋白低脂乳类。马乳蛋白质含量适中，且相关研究表明：其蛋白质为完全蛋白质，富含人体必需氨基酸；脂肪含量低于其他乳类，且脂肪球小，易被人体消化吸收；乳糖含量最接近人乳，可作为人乳的代用品。马乳在发酵过程中，其化学成分会发生较大变化，且总体而言，乳糖含量逐渐减少，而乳酸、乙醇、氨基酸、脂肪酸等物质含量增加。表1－2列举了前人对不同地区酸马奶样品化学组成的研究结果。

表 1-1 人乳和牲畜乳化学成分

单位:%

化学成分	人乳	马乳	牛乳	山羊乳	绵羊乳	骆驼乳
干物质	12.4	11.0	12.5	13.4	17.9	14.6
蛋白质	1.2	2.1	3.3	3.8	5.8	3.5
乳糖	7.0	6.7	4.7	4.6	4.6	4.9
脂肪	3.8	2.0	3.8	4.1	6.7	5.5
灰分	0.21	0.30	0.85	0.85	0.82	0.70

酸马奶除 pH 值低、富含蛋白质、含微量乙醇等特点之外,还含有丰富的维生素、微量元素和多种氨基酸。徐莹等人对酸马奶中的化学成分进行分析,结果表明:酸马奶中含有 13 种人体必需金属元素,多种维生素和钙、铁、硒等微量元素,其中赖氨酸的质量分数 >10.1%,维生素 B5 的含量超过人乳的 20 倍左右,钙的质量分数 >5.6%。王瑞珍测定了采集自内蒙古锡林浩特市的酸马奶样品营养成分,结果表明,其氨基酸组成及含量与人乳相近,易于消化。杜晓敏对酸马奶样品中氨基酸和脂肪含量进行测定,结果表明,前者含量为(1.21 ~ 1.89)mg/100 mg,后者含量为(3.30 ~ 4.26)mg/100 mg,此外分析了多种维生素和微量元素含量,结果表明酸马奶样品中营养物质非常丰富。

综上所述,酸马奶是含有蛋白质、脂肪酸、氨基酸、多种微量元素及丰富维生素的营养价值极高的乳饮料。

表1-2 不同地区酸马奶化学组成

采样地点	pH值	蛋白质	脂肪	乳糖	乳酸	乙酸	乙醇
内蒙古锡林浩特	—	(1.7~2.2) g/100 g	1.5 g/100 g	6.8 g/100 g	—	—	—
新疆	3.89±0.27	(2.07±0.29) g/100 mL	(1.87±0.33) g/100 mL	(2.69±0.63) g/100 mL	(9.10±3.56) g/L	(1.18±0.50) g/L	—
内蒙古锡林郭勒盟	3.5~4.0	—	0.96%~1.09%	—	0.92%~1.76%	0.095%~0.18%	0.55%~1.76%
新疆	—	2.32%	2.13%	2.73%	—	—	—
新疆	—	2.14%~2.40%	1.65%~1.75%	2.13%~2.61%	—	—	—
内蒙古锡林浩特	—	2.4%	1.5%	2.90%	—	—	—
新疆	3.09	2.22 g/100 mL	2.07 g/100 mL	3.03 g/100 mL	10.99 g/L	1.50 g/L	14.94 g/L

1.1.3 酸马奶原核微生物群落结构

酸马奶的化学组成不仅取决于原料马乳,与其微生物组成及含量也有密切关系。由于传统酸马奶均在开放环境下自然发酵,因此其中蕴藏着丰富的微生物资源,而这些微生物在酸马奶的风味特点和营养保健功能方面发挥着重要作用。大量的文献资料显示,传统酸马奶中优势微生物为乳酸菌和酵母菌,其中乳酸菌是酸马奶发酵过程中的重要菌种,在酸马奶风味、质地和酸度形成过程中起着重要的作用。因此,越来越多的人采用培养和非培养方法鉴定其微生物组成。长期以来,很多研究采用纯培养技术鉴定酸马奶中的乳酸菌。表1-3汇总了以纯培养方法为主的酸马奶中微生物多样性及优势菌的鉴定结果。从表中可知,酸马奶中优势乳酸菌为 *Lactobacillus*(乳杆菌属)和 *Lactococcus*(乳球菌属),但乳酸菌属种类和比例随着取样地点不同而不同。纯培养方法不仅费时费力,而且因为自然界中绝大部分微生物仍处于无法培养状态,其结果也易与样品本身微生物多样性存在偏差,无法将整个体系中的原核微生物群落(以下简称菌群)结构完全地展现出来。

高通量测序技术的产生和发展对发酵食品微生物多样性研究起到了促进作用。该方法应用于微生物群落结构分析,弥补了传统分类学方法的不足,大大促进了环境中不可培养微生物的研究进展。该方法从1977年的第一代测序技术发展至如今的第三代测序技术,对基因组研究、疾病治疗研究等领域产生了巨大的推动作用。随着高通量技术的广泛使用,一些学者开始采用此方法对传统酸马奶中微生物多样性进行研究。其木格苏都采用 PacBio SMRT 测序技术对采集自内蒙古锡林郭勒盟5个牧民家庭的酸马奶样品的微生物多样性进行了研究,结果表明,酸马奶的核心微生物类群主要由隶属于 Proteobacteria(变形菌门)和 Firmicutes(厚壁菌门)2个细菌门的 *Lactobacillus helveticus*(瑞士乳杆菌)、*Lactobacillus kefiranofaciens*、*Lactobacillus gallinarum* 和 *Acetobacter pasteurianus*(巴氏醋酸杆菌)组成。布仁其其格采用454平台对同样采集自锡林郭勒盟的酸马奶样品进行微生物多样性分析,结果显示,*Lactobacillus* 和 *Lactococcus* 为其优势细菌属。

表 1－3　酸马奶中乳酸菌的分离鉴定结果示例

采样地点	乳酸菌	优势菌种
内蒙古锡林浩特	*Lactobacillus*（L.）*casei*, *Lactobacillus plantarum*, *Lactobacillus acidophilus* Group, *Lactobacillus paracasei* subsp. *paracasei*, *Lactobacillus coryniformis* subsp. *coryniformis*, *Lactobacillus curvatus*, *Lactobacillus kefiranofaciens*, *Lactobacillus fermentum*	*Lactobacillus casei*
新疆	*Lactobacillus*（L.）*helveticus*, *Lactobacillus acidophilus*, *Lactobacillus casei* subsp. *pseudoplantarum*, *Lactobacillus gasseri*, *Lactobacillus casei* subsp. *casei*, *Lactobacillus curvatus*, *Lactobacillus sanfrancisco*, *Lactobacillus coryniformis* subsp. *coryniformis*, *Lactobacillus brevis*, *Lactobacillus plantrum*, *Lactobacillus homohiechill*, *Lactobacillus fermentum*, *Lactobacillus dellbrueckii* subsp. *bulgaricus*, *Lactobacillus ruminis*, *Lactobacillus crispatus*, *Lactobacillus farciminis*, *Lactobacillus hilgardii*	*Lactobacillus helveticus*
内蒙古锡林郭勒	*Lactobacillus casei*, *Lactobacillus diolivorans*, *Lactobacillus helveticus*, *Lactobacillus kefiranofaciens*, *Lactobacillus* plantarum, *Lactobacillus paracasei*, *Lactococcus lactis* subsp. *lactis*, *Lactococcus lactis*, *Leuconostoc mesenteroides*, *Leuconostoc pseudomesenteroides*, *Enterococcus durans*, *Enterococcus faecalis*, *Enterococcus faecium*, *Enterococcus derieiesei*, *Enterococcus italicus*, *Streptococcus parauberis*	*Lactococcus lactis* subsp. *lactis*

续表

采样地点	乳酸菌	优势菌种
内蒙古	*Lactobacillus plantarum*, *Lactobacillus brevis*, *Lactobacillus casei*, *Enterococcus faecium*, *Enterococcus faecalis*, *Lactococcus lactis*, *Lactobacillus acidophilus*, *Lactobacillus paracasei*, *Lactobacillus dellbrueckii* subsp. *bulgaricus*, *Lactobacillus helveticus*, *Enterococcus durans*, *Leuconostoc mesenteroides*, *Leuconostoc garlicum*, *Streptococcus thermophilus*	*Lactococcus lactis*
新疆	*Lactobacillus fermentum*, *Lactobacillus casei*	*Lactobacillus fermentum*, *Lactobacillus casei*
新疆	*Lactococcus lactis* subsp. *lactis*, *Enterococcus faecalis*, *Enterococcus faecium*, *Streptococcus thermophilus*, *Lactobacillus casei*, *Lactobacillus plantarum*, *Actobacillus delbrueckii* subsp. *lactis*	*Lactococcus lactis* subsp. *lactis*
内蒙古锡林郭勒	*Lactobacillus helveticus*	*Lactobacillus helveticus*
内蒙古锡林郭勒	*Lactobacillus casei*, *Lactobacillus acidophilus*, *Lactobacillus plantarum*, *Lactobacillus sanfranciso*	*Lactobacillus casei*
新疆乌鲁木齐	*Lactobacillus casei*, *Lactobacillus alimentarius*, *Lactobacillus jensenii*, *Lactobacillus acetotolerans*, *Lactobacillus pentosus*, *Lactobacillus delbrueckii* subsp. *delbruerkii*, *Lactobacillus zeae*, *Lactobacillus plantarum*, *Enterococcus faecalis*, *Leuconostoc mesentaroides*, *Streptococcus thermophilus*	—
新疆	*Lactobacillus casei*, *Lactobacillus plantarum*, *Streptococcus thermophilus*, *Lactococcus lactis*, *Lactobacillus fermentum*	—

续表

采样地点	乳酸菌	优势菌种
内蒙古锡林郭勒	*Lactobacillus plantarum*, *Enterococcus villorum*, *Enterococcus dispar*, *Enterococcus durans*, *Enterococcus raffinosus*	—
内蒙古锡林郭勒	*Lactobacillus zeae*, *Lactobacillus sanfranciso*, *Lactobacillus* subsp. *lactis*, *Lacobacillus casei*, *Lactobacillus delbrueckii* subsp. *bulgaricus*, *Lactobacillus sharpeae*, *Lactobacillus plantarum*, *Lactobacillus jenesenii*, *Lactobacillus curvatus*, *Enterococcus faecalis*, *Enterococcus faecium*, *Enterococcus durans*, *Enterococcus pseudoavium*, *Lactococcus lactis* subsp. *lactis*	*Lactobacillus casei*
内蒙古	*Lactobacillus plantarum*, *Lactobacillus pentosus*, *Lactococcus lactis* ssp. *cremoris*	*Lactobacillus plantarum*

据当前形势来看,第二代测序技术在全球测序市场中占有绝对优势,尤其是 Illumina MiSeq 测序平台,采用边合成边测序原理,不仅可以对不同样品的多个可变区同时进行测序,而且拥有较高的测序速度和通量,结果可信度也较高。目前该测序技术广泛用于多种发酵食品中微生物群落组成及多样性研究。该方法还用于不同发酵食品在其发酵过程中微生物群落结构多样性的动态变化研究。采用 Illumina MiSeq 测序技术进行酸马奶微生物多样性分析的研究较少。

1.2　便秘研究概述

便秘是常见、多发的,主要诊断症状为一般每周少于 3 次排便,并伴有排便困难、粪便干结、排便时间延长和数量减少等。流行病学调查显示,该症发病率从 9% 到 20% 不等,其值随地理区域、年龄、性别不同而不同。在中国,便秘患者占总人口的 10%~14.9%,随着年龄的增长,肠道细菌多样性减少,便秘的发病率明显增高。导致便秘发病率增高的原因主要有:(1)工作压力增大,生活节奏加快，饮食偏精，膳食纤维摄入量少；(2)精神、心理因素等；(3)不正确地使用或滥用泻剂，如含有泻剂的排毒养颜类制剂、减肥类制剂等。引起便秘的原因较多且复杂，因此便秘类型也较多。通常根据其病因可分为功能性便秘（原发性便秘，FC）和器质性便秘（继发性便秘，IQC）。功能性便秘根据其发病机制又可分为慢传输型便秘（STC）、排便功能障碍型便秘和便秘型肠易激综合征。慢传输型便秘是最为常见且治疗困难的病症，发病基础是动力障碍导致的结肠传输时间延长。功能性便秘不仅会通过增加焦虑、易怒的风险和降低食欲来影响个人生活质量，也可导致身体伤害，例如腹胀、呕吐、肠梗阻等，甚至可以诱发心脑血管意外、致死性肺栓塞、结直肠癌、帕金森病等严重后果。因此，功能性便秘的预防和治疗是非常重要的。但其诱因较多，发病机制尚不完全清楚，一直以来都是临床治疗的难题。

1.2.1 便秘的治疗

目前，便秘的治疗多以缓解症状为主，而在缓解方法中，临床上通常以膨胀性、渗透性或刺激性等药物治疗为首选，虽已取得了很好的疗效，但也带来一些副作用，如对药物的依赖、心律失常、腹部绞痛甚至心肌梗死等。因此专家建议便秘的治疗要遵循阶梯式的整合医疗策略：第一阶段，生活方式和饮食结构的调整。该方法是治疗慢性便秘最基本的方法，其中膳食纤维的补充是最直接的方法。第二阶段，提倡肠道微生态治疗，即粪便移植（fecal microbiota transplantation，FMT）、补充益生菌、益生元等，因其安全、有效，在缓解和治疗便秘方面呈现出巨大应用前景。

1.2.2 便秘与肠道菌群的关系

微生态治疗法是在便秘与宿主肠道菌群有关等诸多研究结论基础上提出的。肠道菌群可以简单地分为有益菌、有害菌和中性菌。正常情况下，这三种细菌之间维持一定的平衡关系，从而保证机体处于健康状态。若某些因素导致肠道菌群失衡，便会产生一系列疾病（如腹泻、便秘、肥胖甚至糖尿病）。临床研究结果显示，便秘患者肠道菌群结构有相似的变化规律，即专性厌氧微生物相对丰度降低的同时，一些潜在致病微生物相对丰度增加。一些研究有相反结果，例如：Zoppi 等人研究发现，与健康儿童相比较，便秘儿童肠道菌群中 *Clostridium*（梭菌属）和 *Bifidobacterium*（双歧杆菌属）相对丰度显著增加；而 Khalif 等人指出，便秘患者肠道菌群中 *Bifidobacterium* 相对丰度显著降低。之所以会产生上述相反结论，是由于以上研究均采用传统培养方法，存在着一定缺陷。随着高通量测序技术的发展，一些研究者将该技术应用于肠道菌群结构的测定，从而更加全面、有效地揭示肠道菌群与疾病之间的关系。有研究者采用高通量测序技术从多种分类水平上全面比较了便秘患者与健康人群肠道菌群结构，结果显示，便秘患者 *Prevotella* 相对丰度显著降低的同时厚壁菌门下几个属相对丰度有所增加，而 *Lactobacillus* 和 *Bifidobacterium* 两个属相对丰度并没有降低。Parthasarathy 等人同样采用高通量测序技术揭示了肠道黏膜微生物菌群结构与便秘之间的关系，得出结论为，在便秘患者肠道黏膜中隶属于 Bacteroidetes（拟杆菌门）的菌属相对丰度显著增加。有研究表明，与健康对照组相比，便秘组粪便微生物中 Bacteroidales（拟杆菌目）相对丰度显著增加，而 Clostridiales（梭菌目）相对丰度显著降低。虽然研究对象不同、饮食干预不同等导致所得结论不尽相同，但上述研究表明肠道菌群的变化不仅会扰乱肠道微生态平衡，甚至会影响肠道动力。

1.2.3 益生菌缓解便秘效果

随着肠道微生态研究的持续，一些相关研究结果表明，改善肠道菌群，即肠道微生态治疗法，对慢性便秘有显著疗效，包括菌群移植和益生菌、益生元的补充。Picard 等和 Szajewska 等人指出，便秘患者肠道菌群失调，可以由益生菌来进行调节。益生菌补充成为治疗便秘的微生态治疗法中最主要的研究热点，科学家们在动物和人类身上进行了诸多益生菌补充试验来验证其对便秘的治疗效果。副干酪乳杆菌 N1115 发酵乳能显著提高由盐酸洛哌丁胺造模的便秘小鼠的肠道推进率，能够有效改善便秘问题。植物乳杆菌 NCU116 具有通便和促进肠道蠕动的作用。Favretto 等人让女性便秘患者每日食用 30 g 富含 *Bifidobacterium lactis* Bi－07 的 Minas Frescal 奶酪长达 30 天，结果发现该种奶酪可有效改善患者排便情况，包括排便次数和排便习惯。饮用含有 *Bifidobacterium lactis*

DN－173010的发酵乳1～2周后，女性便秘患者粪便性状、排便次数和排便量等均有所改善。利用*Lactobacillus reuteri* DSM 17938治疗患有慢性功能性便秘的婴儿后发现该菌可有效改善排便次数。此外，很多应用益生菌的临床试验也获得理想结果，支持了益生菌干预是改善便秘的可行方法的结论。随着研究的不断推进，专家们逐渐认识到益生菌中最具代表性的*Lactobacillus*在缓解和治疗便秘方面的巨大潜力。

1.2.4 益生菌缓解便秘的可能作用机制

目前，在益生菌缓解或治疗便秘的相关研究中，*Lactobacillus*、*Bifidobacterium*、*Lactococcus*、粪肠球菌（*Enterococcus*）等单独或混合使用较为常见。益生菌发酵乳在肠道疾病的预防和治疗方面的研究也有了新进展。对于益生菌及益生菌发酵制品改善便秘的可能作用机制，研究人员解释如下：

（1）益生菌在体内对葡萄糖进行酵解，产生乳酸、乙酸等代谢产物，而这些物质对人体肠壁神经有良好的刺激作用，可促进肠管蠕动及增加水分分泌，从而起到通便功能。

（2）乳酸菌代谢产生乳酸及乙酸等，会使肠道内保持弱酸性，同时对病原菌具有限制性营养素竞争能力，来抑制病原菌的生长，调节肠道微生态组成，形成生物学屏障。

（3）发酵乳中含有益生元，可促进肠道菌群的生长与活动，改善便秘。

总之，不论是便秘的发生还是益生菌制剂的治疗，肠道菌群都可能参与其中且发挥着重要作用。但目前采用高通量技术手段系统地评估潜在益生菌干预下肠道微生物群落变化的研究仍较少。

1.3 本书研究背景和主要内容

由上述对酸马奶的研究可知，酸马奶不仅营养价值高，还具有一定医疗保健功能。酸马奶的化学组成及菌落结构随地理环境的不同而不同，且以往的研究主要集中在新疆、内蒙古等地。以往对酸马奶菌群结构的研究主要采用纯培养方法，而采用高通量测序技术全面、系统地揭示酸马奶及其发酵过程中菌群结构动态变化,及其与主要化学成分间相关性的研究仍较少。虽然酸马奶对便秘具有缓解效果,但对于其可能作用机制研究仍未见报道,包括其对肠道菌群结构、短链脂肪酸组成和含量、肠蠕动相关神经递质的影响等。

为此,本书主要采用 Illumina MiSeq 测序平台,系统地研究科尔沁地区食疗用酸马奶发酵过程中部分理化指标及细菌群落演替规律,并且给盐酸洛哌丁胺诱导便秘模型小鼠服用不同发酵时间点酸马奶,通过分析便秘小鼠肠道菌群、短链脂肪酸、神经递质等因素的改变来提出酸马奶对便秘的可能作用机制,主要工作包括:

(1)通过测定酸马奶发酵过程中部分理化指标,包括糖类、pH 值、有机酸、粗蛋白、游离氨基酸、粗脂肪、游离脂肪酸、挥发性风味物质等,了解上述成分在酸马奶发酵过程中变化规律的同时分析最适宜饮用时间或最佳发酵结束时间。

(2)通过 Illumina MiSeq 测序平台分析酸马奶发酵过程中原核微生物群落多样性和结构的动态变化,通过采用 Spearman 相关系数分析,深入了解酸马奶发酵过程中菌群结构变化与其主要化学组成变化间相关性。

(3)采用盐酸洛哌丁胺诱导便秘模型小鼠,为酸马奶缓解便秘效果及可能作用机制研究打下基础。

(4)让便秘模型小鼠饮用不同发酵时间点酸马奶样品,测定小鼠体重、进食量、饮水量、粪便含水率、肠道推进率等指标,同时对小鼠结肠组织进行病理学观察,评估酸马奶对盐酸洛哌丁胺诱导便秘模型小鼠相关便秘症状的缓解效果。

(5)通过 Illumina MiSeq 测序平台,分析不同时间点酸马奶样品干预后,便秘模型小鼠肠道菌群丰度和结构组成,以及小鼠肠道中短链脂肪酸含量和组成的变化。

(6)通过比较自然恢复组与酸马奶组小鼠肠道中乙酰胆碱(Ach)等神经递质的含量或活力,再结合上述肠道菌群结构及短链脂肪酸含量,提出酸马奶缓解便秘的可能作用机制。

参考文献

[1]赵长宝,乌日娜. 草原文化与蒙医特色饮食疗法[J]. 中国民族医药杂志,2015,21(10):67-69.

[2]韩晓梅. 简述蒙医饮食疗法[J]. 中国民族医药杂志,2015,21(8):44-45.

[3]郝海霞,李永乐. 试论蒙医饮食疗法[J]. 中国民族医药杂志,2011,17(12):32-34.

[4]哈斯苏荣,阿木古楞,芒来. 酸马奶及其医学价值[J]. 中国中药杂志,2003,28(1):11-14.

[5]斯琴格日勒. 蒙医酸马奶疗法辅助治疗作用体会[J]. 中国民族医药杂志,2012,18(2):21.

[6]徐少泽. 马奶、酸马奶的食疗和医用价值[J]. 中国民族医药杂志,2012,18(2):21-22.

[7]其木格苏都. 自然发酵酸马奶细菌多样性及其基因动态变化研究[D]. 呼和浩特:内蒙古农业大学,2017.

[8]Wszolek M,Kupiec-Teahan B,Guldager H S,et al. Production of kefir,koumiss and other related products[M]. Blackwell Science Ltd,2006:174-216.

[9]萨仁其木格. 蒙医对酸马奶的认识[J]. 世界最新医学信息文摘,2016,16(29):169-170.

[10]Thompson J. The value of koumiss in wasting diseases[J]. The British Medical Journal,1879,1(947):270.

[11]白曙明,特木其乐,敖其尔. 浅谈酸马奶(策格)的临床应用[J]. 中国民族医药杂志,2018,24(1):62-64.

[12]宇妥·元丹贡布. 图解四部医典·秘法与实用篇[M]. 西安:陕西师范大学出版社,2007.

[13]查哈达. 酸马奶治疗肺结核 56 例临床观察[J]. 中国民族民间医药杂志,1999,8(1):13-14.

[14]苏雅拉吉日嘎,胡毕斯哈拉图. 用酸马奶治疗肺结核及结核性胸膜炎 58 例临床疗效观察[J]. 中国民族民间医药杂志,2005(3):142.

[15]张·巴斯尔. 策格(酸马乳)治疗冠心病临床总结[J]. 中国民族医药杂志,1995(1):24.

[16]原琪,赵淑萍,乌云高娃,等. 酸马奶治疗冠心病62例临床观察[J]. 慢性病学杂志,2006,12:111-112.

[17]Chen Y,Wang Z,Chen X,et al. Identification of angiotensin I-converting enzyme inhibitory peptides from koumiss,a traditional fermented mare's milk[J]. Journal of Dairy Science,2010,93(3):884-892.

[18]Chaves-López C,Tofalo R,Serio A,et al. Yeasts from Colombian Kumis as source of peptides with angiotensin I converting enzyme (ACE) inhibitory activity in milk[J]. International Journal of Food Microbiology,2012,159(1):39-46.

[19]陈玉洁. 酸马奶源酵母菌代谢物对致病性大肠杆菌的抑菌作用机理研究[D]. 呼和浩特:内蒙古农业大学,2015.

[20]任秀娟,赵一萍,布仁其其格,等. 酸马奶的营养价值和产业化发展探究[J]. 内蒙古科技与经济,2014,3:3-5.

[21]斯琴巴特尔,白阿茹娜,敖奇,等. 蒙药联合酸马奶疗法治疗慢性胃炎的临床疗效观察[J]. 中国民族医药杂志,2017,23(3):9-10.

[22]刘忠贤,马丽亚汉. 马奶酒治疗便秘[J]. 中国民间疗法,2000,8(6):27-30.

[23]金花,代丽君,高娃. 酸马奶[J]. 中国乳品工业,1998,26(4):16-17.

[24]尚衍斌,孙立慧,林欢.《饮膳正要》注释[M]. 北京:中央民族大学出版社,2009.

[25]乌日图. 酸马奶疗法增强人体免疫功能机理研究[J]. 时珍国医国药,2012,23(12):3211.

[26]韩班布拉,斯琴巴特尔,白朝鲁,等. 酸马奶对慢性过敏性鼻炎患者临床症状的改善效果的研究[J]. 世界最新医学信息文摘,2018,18(1):32-36.

[27]武俊瑞. 新疆部分地区酸马奶的化学与微生物组成分析及其中乳杆菌的分离鉴定[D]. 呼和浩特:内蒙古农业大学,2005.

[28]布仁其其格,高雅罕,包艳青,等. 酸马奶发酵过程中理化指标与细菌相的动态变化[J]. 食品工业科技,2016,37(11):118-121.

[29]殷文政,乌尼,钱建伟,等.锡林郭勒牧区马奶酒生物活性动态的研究(一)[J].内蒙古农业大学学报,2002,23(1):9-16.

[30]王瑞珍.酸马奶的营养成分与保健特性[J].养殖技术顾问,2012(10):247-248.

[31]孙天松,王俊国,张列兵,等.中国新疆地区酸马奶中乳酸菌生物多样性研究[J].微生物学通报,2007,34(3):451-454.

[32]张列兵,刘金山,李锋格.马奶三相菌混合正交发酵试验及酸马奶品质评定问题的研究[J].中国乳品工业,1990(6):246-254.

[33]拉·巴勒道尔吉,策·纳木斯来.蒙古艾日嘎[M].呼和浩特:内蒙古人民出版社,2012.

[34]徐莹,沈珺,崔丽娟.传统方法酿造马奶酒的工艺优化研究及营养价值分析[J].农产品加工,2011(9):71-72.

[35]杜晓敏.内蒙古地区传统酸马奶中营养组分分析、乳酸菌分离鉴定及污染微生物检测[D].呼和浩特:内蒙古农业大学,2017.

[36]Watanabe K, Fujimoto J, Sasamoto M, et al. Diversity of lactic acid bacteria and yeasts in Airag and Tarag, traditional fermented milk products of Mongolia[J]. World Journa of Microbiology & Biotechnology, 2008, 24(8): 1313-1325.

[37]Hao Y, Zhao L, Zhang H, et al. Identification of the bacterial biodiversity in koumiss by denaturing gradient gel electrophoresis and species-specific polymerase chain reaction [J]. Journal of Dairy Science, 2010, 93 (5): 1926-1933.

[38]孟和毕力格,乌日娜,王立平,等.不同地区酸马奶中乳杆菌的分离及其生物学特性的研究[J].中国乳品工业,2004,32(11):6-11.

[39]刘红新,任艳,张冬蕾,等.内蒙古锡林郭勒地区酸马奶中乳酸菌的分离鉴定[J].中国乳品工业,2015,43(10):27-30.

[40]魏艳,曾小群,潘道东.新疆地区不同酸奶中优势乳酸菌的分离与鉴定[J].中国食品学报,2012,12(12):161-166.

[41]张明珠.新疆酸马奶中乳酸菌的多态性分析及发酵性能研究[J].食品与发酵科技,2015,51(3):44-48.

[42]金山,白雅莉,赵洪鑫,等.酸马奶分离到的乳酸菌分子鉴定[J].食品研究

与开发,2012,33(1):164 - 167.

[43]毕玉海,吴敬,冯予廷,等.酸马奶中乳酸杆菌的分离与鉴定[J].畜牧与饲料科学,2008,29(1):35 - 38.

[44]熊素玉,姚新奎,谭小海,等.酸马奶中乳酸菌的分离、纯化与鉴定[J].新疆农业科学,2007,44(5):696 - 701.

[45]朱丹宇,王英,周剑忠,等.酸马奶中乳酸菌的分离和鉴定[J].江苏农业科学,2009(1):245 - 247.

[46]霍小琰,李少英,郭荣荣.酸马奶中乳酸菌的鉴定及生物学特性的研究[J].微生物学通报,2012,39(7):940 - 948.

[47]贺银凤.酸马奶酒中微生物的分离鉴定及抗菌因子的研究[D].呼和浩特:内蒙古农业大学,2008.

[48]Ying A N, Yoshikazu A, Yasuki O. Classification of lactic acid bacteria isolated from chigee and mare milk collected in Inner Mongolia[J]. Animal Science Journal, 2004, 75(3): 245 - 252.

[49]Juste A, Thomma B P, Lievens B. Recent advances in molecular techniques to study microbial communities in food - associated matrices and processes[J]. Food Microbiology, 2008, 25(6): 745 - 761.

[50]Humblot C, Guyot J P. Pyrosequencing of tagged 16S rRNA gene amplicons for rapid deciphering of the microbiomes of fermented foods such as pearl millet slurries[J]. Applied and Environmental Microbiology, 2009, 75(13): 4354 - 4361.

[51]Faveri M, Figueiredo L C, Shibli J A, et al. Microbiological diversity of peri - implantitis biofilms[J]. Advances in Experimental Medicine and Biology, 2015, 830: 85 - 96.

[52]赵晓伟,丁君,窦妍,等.基于 MiSeq 测序技术分析红鳍东方鲀养殖环境菌群多样性[J].生态学杂志,2015,34(10):2965 - 2970.

[53]Park E J, Chun J, Cha C J, et al. Bacterial community analysis during fermentation of ten representative kinds of kimchi with barcoded pyrosequencing[J]. Food Microbiology, 2012, 30: 197 - 204.

[54]Jung J Y, Lee S H, Jeon C O. Microbial community dynamics during fermenta-

tion of doenjang - meju, traditional Korean fermented soybean[J]. International Journal of Food Microbiology, 2014, 185:112 - 120.

[55] Bokulich N A, Thorngate J H, Richardson P M. Microbial biogeography of wine grapes is conditioned by cultivar, vintage, and climate[J]. Proceedings of the National Academy of Sciences of the United States of America, 2014, 111(1): 139 - 148.

[56] 海娜. 白酒发酵过程中原核微生物群落分析[D]. 呼和浩特: 内蒙古大学, 2013.

[57] Michel E, Monfort C, Deffrasnes M, et al. Characterization of relative abundance of lactic acid bacteria species in French organic sourdough by cultural, qPCR and MiSeq high - throughput sequencing methods[J]. International Journal of Food Microbiology, 2016, 239:35 - 43.

[58] 邢敏钰, 杜海, 徐岩. 芝麻香型白酒发酵过程中乳酸菌多样性及其演替规律[J]. 微生物学通报, 2018, 45(1):19 - 28.

[59] 余丹, 毛娉, 宋颀, 等. 基于高通量测序的传统甜面酱自然发酵过程中的微生物群落结构及其动态演替[J]. 微生物学通报, 2018, 45(5):1061 - 1072.

[60] 李春生, 王悦齐, 李来好, 等. 传统鱼露发酵过程中细菌群落演替及对其挥发性风味形成的影响分析[J]. 食品科学, 2018, 39(24):1 - 13.

[61] Lee S H, Jung J Y, Jeon C O. Microbial successions and metabolite changes during fermentation of salted shrimp (saeu - jeot) with different salt concentrations[J]. PLoS ONE, 2014, 9(2):1 - 12.

[62] de Pasquale I, di Cagno R, Buchin S, et al. Microbial ecology dynamics reveal a succession in the core microbiota involved in the ripening of pasta filata caciocavallo pugliese cheese[J]. Applied and Environmental Microbiology, 2014, 80(19):6243 - 6255.

[63] 陈文彬, 潘祥林. 诊断学[M]. 北京: 人民卫生出版社, 2008.

[64] Bharucha A E, Pemberton J H, Locke G R. American gastroenterological association technical review on constipation[J]. Gastroenterology, 2013, 144(1): 218 - 238.

[65] Emmanuel A, Cools M, Vandeplassche L, et al. Prucalopride improves bowel

function and colonic transit time in patients with chronic constipation: an integrated analysis [J]. The American Journal of Gastroenterology, 2014, 109: 887 – 894.

[66] Yiannakou Y, Piessevaux H, Bouchoucha M, et al. A randomized, double – blind, placebo – controlled, phase 3 trial to evaluate the efficacy, safety and tolerabilityof prucalopride in men with chronic constipation[J]. American Journal of Gastroenterology, 2015, 110(5): 741 – 748.

[67] YIN JIANIAO, LIANG YICHAO, WANG DALU, et al. Naringenin induces laxative effects by upregulating the expression levels of c – Kit and SCF, as well as those of aquaporin 3 in mice with loperamide – induced constipation[J]. International Journal of Molecular Medicine, 2018, 41: 649 – 658.

[68] Suares N C, Ford A C. Prevalence of, and risk factors for, chronic idiopathic constipation in the community: systematic review and meta – analysis [J]. American Journal of Gastroenterology, 2011, 106(9): 1582 – 1591.

[69] Sharma A, Rao S. Constipation: pathophysiology and current therapeutic approaches[J]. Handbook of Experimental Pharmacology, 2017, 239: 59 – 74.

[70] Thompson W G, Longstreth G F, Drossman D A, et al. Functional bowel disorders and functional abdominal pain[J]. Gut, 1999, 45: ii43 – ii47.

[71] Mostafa S M, Bhandari S, Ritchie G, et al. Constipation and its implications in the critically ill patient[J]. British Journal of Anaesthesia, 2003, 91(6): 815 – 819.

[72] Seung H J, Dong K Y. The combination of *Cassia obtusifolia* L. and *Foeniculum vulgare* M. exhibits a laxative effect on loperamide – induced constipation of rats [J]. PLoS ONE, 2018, 13(4): 1 – 13.

[73] Walia R, Mahajan L, Steffen R. Recent advances in chronic constipation[J]. Current Opinion in Pediatrics, 2009, 21(5): 661 – 666.

[74] Guérin A, Mody R, Fok B, et al. Risk of developing colorectal cancer and benign colorectal neoplasm in patients with chronic constipation[J]. Alimentary Pharmacology & Therapeutics, 2014, 40(1): 83 – 92.

[75] Rossi M, Merello M, Perez – Lloret S. Management of constipation in Parkinson's

disease[J]. Expert Opinion on Pharmacotherapy,2015,16(4):547 - 557.

[76]刘兴. 普芦卡必利对慢传输型便秘大鼠胃肠道传输功能及胃肠道肌层 ICC 的影响[D]. 张家口:河北北方学院,2014.

[77]Locke G R,Pemberton J H,Phillips S F. AGA technical review on constipation [J]. Gastroenterology,2000,119(6):1766 - 1778.

[78]XU JIQU,ZHOU XIAOQI,CHEN CHANG,et al. Laxative effects of partially defatted flaxseed meal on normal and experimental constipated mice[J]. BMC Complement,2012,12:14.

[79]Kartal A,Yalcin M,Citgez B,et al. The effect of chronic constipation on the development of inguinal herniation[J]. Hernia,2017,21(4):531 - 535.

[80]Krogh K,Chiarioni G,Whitehead W. Management of chronic constipation in adults[J]. United European Gastroenterology Journal,2016,5(4):465 - 472.

[81]O'Mahony L,McCarthy J,Kelly P,et al. Lactobacillus and bifidobacterium in irritable bowel syndrome:symptom responses and relationship to cytokine profiles[J]. Gastroenterology,2005,128:541 - 551.

[82]Kassinen A,Krogius - Kurikka L,Mäkivuokko H,et al. The fecal microbiota of irritable bowel syndrome patients differs significantly from that of healthy subjects[J]. Gastroenterology,2007,131:24 - 33.

[83]Kang D W,di Baise J K,Ilhan Z E,et al. Gut microbial and short - chain fatty acid profiles in adults with chronic constipation before and after treatment with lubiprostone[J]. Anaerobe,2015,33:33 - 41.

[84]Zoppi G,Cinquetti M,Luciano A,et al. The intestinal ecosystem in chronic functional constipation[J]. Acta Paediatrica,1998,87:836 - 841.

[85]Khalif I L,Quigley E M M,Konovitch E A,et al. Alterations in the colonic flora and intestinal permeability and evidence of immune activation in chronic constipation[J]. Digestive and Liver Disease,2005,37:838 - 849.

[86]ZHU LIXIN,LIU WENSHENG,Alkhouri R,et al. Structural changes in the gut microbiome of constipated patients[J]. Physiological Genomics,2014,46:679 - 686.

[87]Parthasarathy G,CHEN JUN,CHEN XIANFENG,et al. Relationship between

microbiota of the colonic mucosa vs feces and symptoms, colonic transit, and methane production in female patients with chronic constipation[J]. Gastroenterology,2016,150:367 – 379.

[88] Deng Y, Li M, Mei L, et al. Manipulation of intestinal dysbiosis by a bacterial mixture ameliorates loperamide – induced constipation in rats[J]. Benificial Microbes,2018,9(3):453 – 464.

[89] Chassard C, Dapoigny M, Scott K P, et al. Functional dysbiosis within the gut microbiota of patients with constipated – irritable bowel syndrome[J]. Alimentary Pharmacology & Therapeutics,2012,35:828 – 838.

[90] Wichmann A, Allahyar A, Greiner T U, et al. Microbial modulation of energy availabilityin the colon regulates intestinal transit[J]. Cell Host Microbe,2013, 14:582 – 590.

[91] Quigley E M M. The enteric microbiota in the pathogenesis and management of constipation[J]. Best Practice & Research Clinical Gastroenterology,2011,25: 119 – 126.

[92] Picard C, Fioramonti J, Francois A, et al. Review article: bifidobacteria as probiotic agents – physiological effects and clinical benefits[J]. Alimentary Pharmacology & Therapeutics,2005,22:495 – 512.

[93] Szajewska H, Setty M, Mrukowicz J, et al. Probiotics in gastrointestinal diseases in children: hard and not – so – hard evidence of efficacy[J]. Journal of Pediatric Gastroenterology and Nutrition,2006,42:454 – 475.

[94] Krammer H J, von Seggern H, Schaumburg J, et al. Effect of *Lactobacillus casei* Shirota on colonic transit time in patients with chronic constipation[J]. Coloproctology,2011,33:109 – 113.

[95] Van der Werf M J, Venema K. Bifidobacteria: genetic modification and the study of their role in the colon[J]. Journal of Agricultural and Food Chemistry,2001, 49(1):378 – 383.

[96] 曹永强,张健,郑喆,等. 副干酪乳杆菌 N1115 发酵乳对小鼠便秘的改善作用[J]. 食品科学,2018,39(1):185 – 191.

[97] LI CHUAN, NIE SHAOPING, ZHU KEXUE. Effect of *Lactobacillus plantarum*

NCU116 on loperamide - induced constipation in mice[J]. International Journal of Food Sciences & Nutrition,2015,66(5):533 -538.

[98] Favretto D C, Pontin B, Moreira T R. Effect of the consumption of a cheese enriched with probiotic organisms (*Bifidobacterium lactis* Bi - 07) in improving symptoms of constipation [J]. Arquivos de Gastroenterologia, 2013, 50: 196 -201.

[99] YANG YUEXIN, HE MEI, HU GANG, et al. Effect of a fermented milk containing *Bifidobacterium lactis* DN - 173010 on Chinese constipated women[J]. World Journal of Gastroenterology,2008,14:6237 -6243.

[100] Kim S E, Choi S C, Park K S, et al. Change of fecal flora and effectiveness of the short - term VSL#3 probiotic treatment in patients with functional constipation[J]. Journal of Neurogastroenterology and Motility,2015,21:111 -120.

[101] Wojtyniak K, Horvath A, Dziechciarz P, et al. Lactobacillus casei rhamnosus Lcr35 in the management of functional constipation in children: a randomized trial[J]. Journal of Pediatrics,2017,184:101 -105.

[102] Khodadad A, Sabbaghian A. Role of synbiotics in the treatment of childhood constipation: a double - blind randomized placebo controlled trial[J]. Iranian Journal Pediatrics,2010,20:387 -392.

[103] Sadeghzadeh M, Rabieefar A, Khoshnevisasl P, et al. The effect of probiotics on childhood constipation: a randomized controlled double blind clinical trial [J]. International Journal of Pediatrics,2014,2014:1 -5.

[104] 丁一芮. 拉克替醇和婴儿双歧杆菌对便秘大鼠 AQP3 及 ICC 的影响[D]. 郑州:郑州大学,2016.

[105] 宋士良. 益生菌在食品中应用状况及安全性评估[J]. 食品科技,2009,34(7):22 -26.

[106] MacDonald R S, Wagner K. Influence of dietary phytochemicals and microbiota on colon cancer risk[J]. Journal of Agricultural and Food Chemistry,2012,60:6728 -6735.

[107] Ojetti V, Ianiro G, Tortora A, et al. The effect of *Lactobacillus reuteri* supplementation in adults with chronic functional constipation: a randomized,

double - blind, placebo - controlled trial [J]. Journal of Gastrointestinal and Liver Diseases, 2014, 23: 387 - 391.

[108] Marteau P, Cuillerier E, Meance S, et al. Bifidobacterium animalis strain DN - 173010 shortens the colonic transit time in healthy women: a double - blind, randomized, controlled study [J]. Alimentary Pharmacology & Therapeutics, 2002, 16: 587 - 593.

第2章　酸马奶发酵过程中主要理化指标变化分析

2.1　引言

酸马奶不仅营养价值高,而且还具有一定医疗保健作用,是药食同源的发酵乳制品。据文献报道,酸马奶对结核病为主的传染性疾病、消化系统疾病、心血管系统疾病等均有明显的辅助治疗作用。这些治疗效果与其成分密切相关,但各地区酸马奶风味不同,营养成分含量也有所差异,甚至相邻两户的酸马奶也有着不同的风味。目前关于酸马奶营养成分的研究主要集中在新疆、内蒙古锡林郭勒等地,而关于内蒙古科尔沁地区酸马奶酿制过程中化学组成变化的研究还未见报道。本书为了减少环境、制作手法等因素对酸马奶发酵过程的影响,使用某医院酿制酸马奶所用的场地、工具,并请专人负责酿制。

本章主要对酸马奶发酵过程中部分生理生化指标,包括 pH 值、糖类、有机酸、粗蛋白、游离氨基酸、粗脂肪、脂肪酸和挥发性风味物质等进行分析,了解不同发酵阶段各主要成分的变化规律,以期为该产品的食品安全、临床应用及现代化生产等提供理论依据。

2.2 试验材料

2.2.1 发酵原料

鲜马乳、发酵剂均由内蒙古通辽市科尔沁区某医院提供。

2.2.2 主要试剂

硫酸铜($CuSO_4 \cdot 5H_2O$)、硫酸钾(K_2SO_4)、硫酸(H_2SO_4)、硼酸(H_3BO_3)、甲基红($C_{15}H_{15}N_3O_2$)、溴甲酚绿($C_{21}H_{14}Br_4O_5S$)、氢氧化钠(NaOH)、氯化钠(NaCl)、95%乙醇(C_2H_5OH)、氨水($NH_3 \cdot H_2O$)、无水乙醚、石油醚、乳糖标准品、半乳糖标准品、葡萄糖标准品、茚三酮、甲醇、水杨酸、氯仿、正己烷、三氯化硼-甲醇。

2.2.3 相关溶液配制

2.2.3.1 氢氧化钠溶液

称取40 g氢氧化钠加水溶解后,冷却至室温,并稀释至100 mL。

2.2.3.2 硼酸溶液

称取20 g硼酸,加水溶解并定容至1 000 mL。

2.2.3.3 甲基红乙醇溶液

称取0.1 g甲基红,溶于95%乙醇,用95%乙醇定容至100 mL。

2.2.3.4 溴甲酚绿乙醇溶液

称取0.1 g溴甲酚绿,溶于95%乙醇,用95%乙醇定容至100 mL。

2.2.3.5 凯氏定氮用混合指示剂

1 份甲基红乙醇溶液与 5 份溴甲酚绿乙醇溶液临用时混合。

2.2.3.6 抽提脂肪用混合溶剂

等体积混合乙醚和石油醚，现用现配。

2.2.3.7 饱和氯化钠溶液

溶解 360 g 氯化钠于 1 000 mL 水中，搅拌溶解，澄清备用。

2.2.4 主要仪器

pH 计、电子天平、旋涡混合器、立式压力蒸汽灭菌锅、消解炉、高速冷冻离心机、低速离心机、全自动凯氏定氮仪、真空冷冻干燥机、自动脂肪测定仪、电热鼓风干燥箱、恒温水浴锅、液相色谱仪、氨基酸分析仪、气相色谱仪、气相色谱－质谱联用仪、色谱柱、超低温冰箱。

2.3 试验方法

2.3.1 酸马奶的酿制

酸马奶酿制地点为内蒙古通辽市科尔沁区某医院，采用医院传统做法。发酵剂为医院保存的酸马奶。在专用发酵容器中，将鲜马乳与上述发酵剂按 3∶1 的比例混合均匀，白天每隔 2 h 用专用布鲁日捣拌 30 min，每次捣拌结束均用干净纱布封住容器口。全程发酵品温为 24～26 ℃，总发酵时间为 96 h。

2.3.2 样品采集

酸马奶发酵过程中每 6 h 采集一次样品，装入样品瓶中封口，液氮冷却后立即带回试验室保存于－80 ℃，进行后续试验。

2.3.3 pH值的测定

每次采集样品时用酸度计测定样品pH值并记录。

2.3.4 乳糖、半乳糖和葡萄糖含量的测定

将冻存的酸马奶样品在室温下融化后摇匀，称取0.4 g，与1.2 mL超纯水混匀，超声波处理3 min，105 ℃、高压处理15 min，再经4 ℃、4 500 r/min离心10 min。取上清液经0.22 μm滤膜过滤后进入液相色谱仪分析。流动相为5 mmol/L硫酸，流速0.6 mL/min，示差检测器检测，柱温60 ℃，进样量20 μL，18 min停止。

2.3.5 有机酸含量的测定

将冻存的酸马奶样品在室温下融化摇匀，称取1.0 g，与3 mL 1 mol/L的盐酸振荡混匀，12 000 r/min离心15 min，吸取上清液经0.22 μm滤膜过滤后进入液相色谱仪分析。流动相为5 mmol/L硫酸，流速0.6 mL/min，示差检测器检测，柱温60 ℃，进样量20 μL，25 min停止。

2.3.6 粗蛋白含量的测定

参照GB 5009.5—2010中凯氏定氮法测定不同发酵时间酸马奶样品中粗蛋白含量。

2.3.7 游离氨基酸含量的测定

将冻存的酸马奶样品在室温下融化摇匀，称取一定量用2%水杨酸进行平衡及稀释，利用氨基酸分析仪进行分析。流动相流速为0.46 mL/min，柱温为

130 ℃,进样量为 50 μL。反应器温度为 58 ℃,检测波长为 440 nm 和 570 nm。

2.3.8 粗脂肪含量的测定

采用碱水解法测定不同发酵时间酸马奶样品中粗脂肪含量。

2.3.9 游离脂肪酸含量的测定

2.3.9.1 脂肪的提取

将冻存样品室温融化摇匀,取 1 mL 样品加入 1.5 mL 氯仿 - 甲醇溶液(2∶1),25 ℃浸提 3 h,加入 0.9% 氯化钠溶液静置分层,收集下层氯仿层氮吹浓缩。

2.3.9.2 脂肪酸甲酯化

在脂肪提取物中加入 2 mL 正己烷摇匀,加入 2 mL 14% 三氟化硼 - 甲醇,50 ℃水浴 5 min,再加入饱和氯化钠溶液至 10 mL,离心取上清液,经 0.45 μm 滤膜过滤后进行分析。

2.3.9.3 气相色谱检测

采用配有氢火焰检测器(FID)的气相色谱仪进行检测。载气为氮气,恒压,线速度 38.4 cm/s;进样口温度为 270 ℃,进样体积 1 μL,分流比 20∶1;柱温箱温度初始为 50 ℃,保持 2 min,以 25 ℃/min 的速率升温到 175 ℃,以 3.5 ℃/min 的速率升温到 230 ℃,保持 5 min;检测器温度为 280 ℃,气体设置为氢气 40 mL/min、空气 450 mL/min、尾吹气 30 mL/min。

2.3.10 挥发性风味物质的测定

2.3.10.1 样品前处理

取待检样品 5 mL 置于 20 mL 装有磁力搅拌子的顶空采样瓶中,45 ℃恒温水浴中加热平衡 30 min，将手动 SPME 进样器固定在 SPME 搭载装置上，并将针头插入顶空瓶中，推出萃取纤维，顶空吸附萃取 60 min。吸附结束以后，将萃取头插入气相色谱 - 质谱联用仪进样口 250 ℃解析 3 min。

2.3.10.2　气相色谱条件

采用程序升温方式，起始温度 50 ℃，保持 1 min，以 3 ℃/min 速率升温至 180 ℃，保持 1 min，以 8 ℃/min 速率升温至 250 ℃，保持 3 min；进样口温度为 250 ℃；载气为氦气，流速 1.0 mL/min；不分流进样。

2.3.10.3　质谱条件

电离方式为 EI 源，电子能量 70 eV；离子源温度 220 ℃；质量扫描范围 m/z 33 ~ 450；发射电流 100 μA。

2.3.10.4　定性与定量分析

利用随机携带工作站，NIST08 标准库自动检索各组分质谱数据，利用面积归一化法计算各组分相对峰面积（即每种风味物质组分峰面积占离子色谱图中所有风味物质总峰面积的百分比）。

2.3.10.5　关键风味物质的评价

采用 ROAV 法确定酸马奶中关键挥发性风味物质，$ROAV$ 值越大的物质对酸马奶样品整体风味的贡献越大。通常认为 $ROAV \geqslant 1$ 的组分为所测样品的关键风味物质，$0.1 \leqslant ROAV < 1$ 的组分对所测样品的总体风味具有重要修饰作用。计算公式如下：

$$ROAV_i \approx 100 \times C_i T_{\max} / C_{\max} T_i \tag{2-1}$$

式中：

C_i——各挥发性物质的相对含量（%）；

T_i——各挥发性物质的感觉阈值（μg/L）；

$C_{\max}$——对样品总体风味贡献最大的组分的相对含量（%）；

$T_{\max}$——对样品总体风味贡献最大的组分的感觉阈值（μg/L）。

2.3.10.6 数据分析

将归一化峰面积(变量)输入 SIMCA 软件进行多元统计分析,数据进行中心化和正交信号校正处理之后,进行主成分分析(PCA)和偏最小二乘(PLS)分析。首先,对不同发酵时间酸马奶样品气相色谱 - 质谱数据进行无监督 PCA 分析,并在 PCA 得分图上进行样品之间差异的分析。为了进一步确定不同发酵时间酸马奶样品间风味物质差异,进行了有监督 PLS 分析。基于 7 倍交叉验证 PLS 模型分析产生的载荷图与 *VIP* 值($VIP > 1$)来确定引起各时期样品差异的风味物质。

2.3.11 统计学分析

使用 SPSS 20.0 软件进行统计分析。P 值小于 0.05 被认为显著,小于 0.01 则被认为极显著。

2.4 结果与分析

2.4.1 发酵过程中 pH 值的变化

酸马奶发酵过程中 pH 值的检测结果如图 2 - 1 所示。发酵期间 pH 值整体呈先陡后缓的下降趋势,最低达到 3.58 ± 0.006。统计学分析结果显示,0 ~ 54 h 期间 pH 值下降极显著($P < 0.01$),后出现两次显著下降时期($P < 0.05$),分别为 54 ~ 60 h 和 78 ~ 84 h,其余时间段 pH 值下降速度不显著($P > 0.05$)。

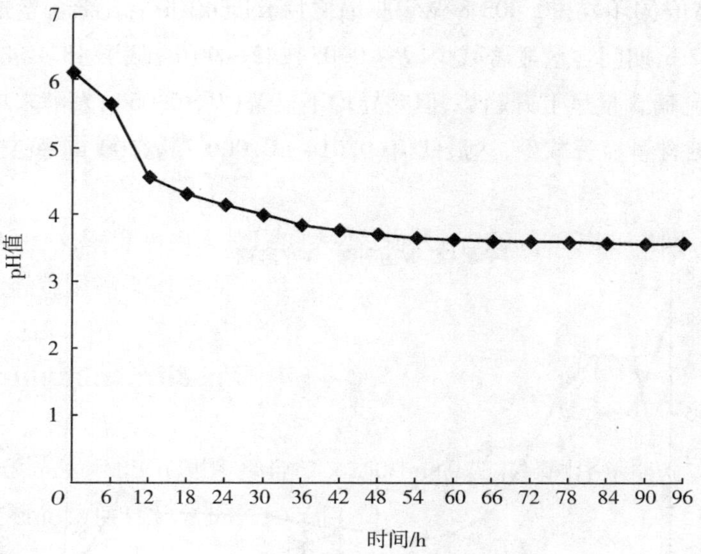

图2－1　酸马奶发酵过程中pH值的变化趋势

2.4.2　乳糖、半乳糖和葡萄糖含量的变化

在酸马奶发酵过程中，乳糖、葡萄糖、半乳糖含量变化趋势如图2－2所示。发酵开始初(0 h)乳糖含量为(7.143 ±0.213)g/100 g，乳糖含量随发酵时间延长而减少。统计学分析结果显示：发酵前6 h乳糖含量显著减少($P<0.01$)。6～36 h，含量虽逐渐减少，但此期间后一个时间点与前一个时间点的含量差异不显著($P>0.05$)；36～42 h，乳糖含量再次显著减少，直至66 h减少速度减缓($P>0.05$)；66～90 h，各时期之间含量差异极显著($P<0.01$)，并在90 h时到达最低值(0.013 ±0.000)g/100 g；90～96 h，含量差异不显著($P>0.05$)。

本试验所用鲜马乳中未检测到葡萄糖。在发酵过程中，前12 h葡萄糖含量增加，前6 h含量增加显著($P<0.05$)，12 h达最高值(0.010 ±0.002 6)g/100 g。12 h后葡萄糖含量呈减少趋势。据统计学分析结果显示：12～24 h，葡萄糖含量减少，但差异不显著($P>0.05$)；24～42 h，其含量减少显著($P<0.01$)；42 h未检测到葡萄糖。前6 h半乳糖含量显著增加($P<0.01$)，

18 h 达最高值(0.041 ±0.002 8)g/100 g;之后直至 42 h 半乳糖含量逐渐减少,尤其 24 ~42 h 期间含量显著减少($P<0.05$);42 ~90 h,除了 48 ~54 h 略有减少之外,半乳糖含量呈上升趋势,但差异均不显著($P>0.05$);发酵末期,即90 ~96 h,半乳糖含量显著减少,达最低值(0.014 ±0.000 7)g/100 g。

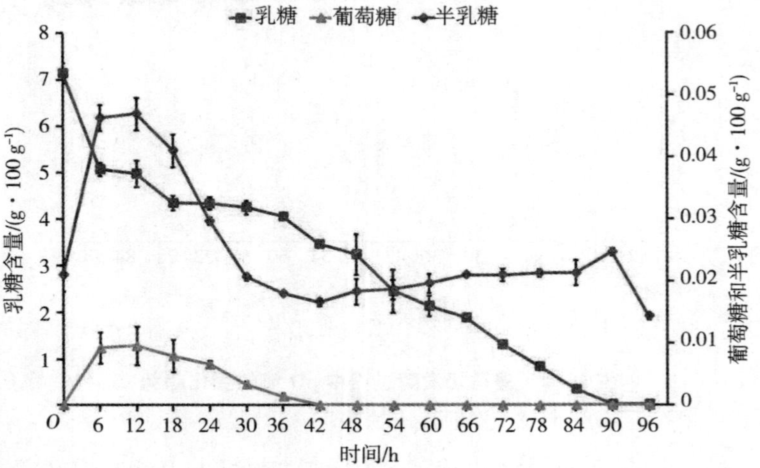

图 2-2 酸马奶发酵过程中乳糖、葡萄糖、半乳糖含量变化

2.4.3 乳酸、乙酸、丙酸、丁酸含量的变化

在整个发酵过程中,乳酸、乙酸、丁酸含量呈增加趋势,但增加幅度各有不同(如图 2-3)。其中乳酸在发酵全程增加幅度最大,从起始的(0.278 ±0.028)g/100 g 增加到 90 h 的(1.660 ±0.034)g/100 g,在 0 ~6 h、18 ~36 h 增加显著($P<0.05$),虽然在 90 ~96 h 含量有所减少,但差异并不显著($P>0.05$)。丁酸含量在发酵过程中,从 0 h 的(0.023 ±0.001)g/100 g 增加到 90 h 的(1.025 ±0.026)g/100 g,在 0 ~6 h 与 18 ~42 h 丁酸含量显著增加,90 ~96 h 含量也有所减少,但不显著($P>0.05$)。乙酸在发酵过程中分别在0 ~6 h、12 ~18 h、24 ~30 h 和 60 ~78 h 出现阶段性显著增加($P<0.05$),90 h 达最高含量(0.377 ±0.009)g/100 g。在发酵各个时期都检测到丙酸,但含量很低,最高值出现在 12 h,为(0.016 9 ±0.000 8)g/100 g。

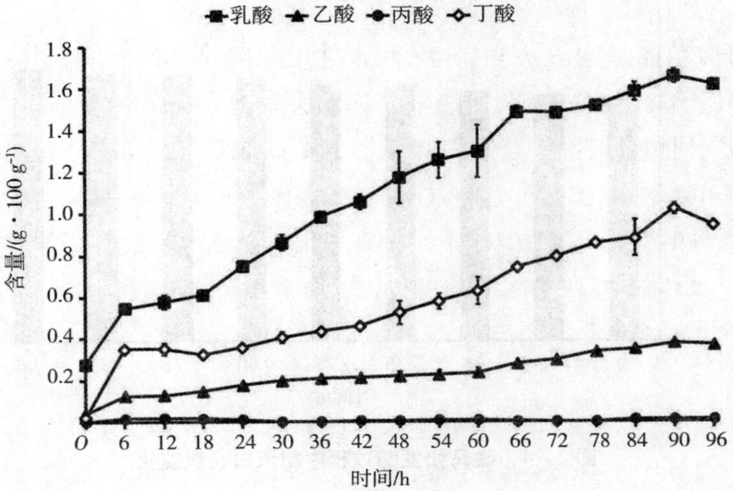

图 2－3　酸马奶发酵过程中 4 种有机酸含量变化

2.4.4　粗蛋白含量的变化

在酸马奶发酵过程中，粗蛋白含量变化如图 2－4 所示。由图可知，蛋白质含量在发酵全程呈小幅上升趋势，但无统计学差异，即表明蛋白质含量在酸马奶发酵过程中保持稳定。

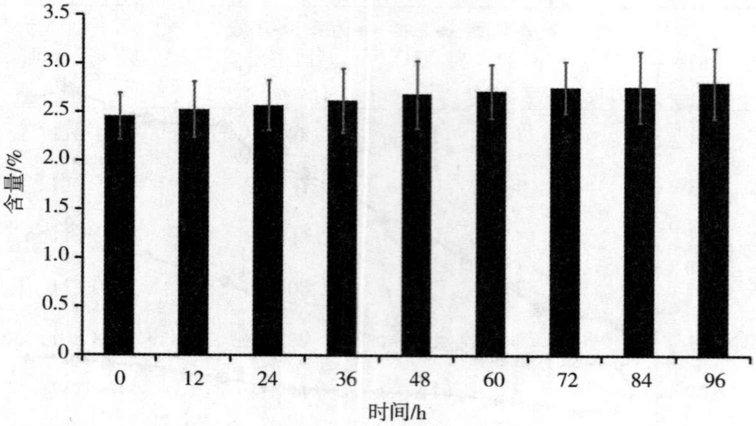

图 2-4 酸马奶发酵过程中粗蛋白含量变化

2.4.5 游离氨基酸含量的变化

本书中共检测到 14 种氨基酸（如图 2-5 所示），其中 Glu 含量最高，其次为 His。部分氨基酸（如 Asp、Thr、Ser、Glu、Ala 和 His）在 0~12 h 含量显著减少（$P<0.05$），后开始逐渐增加，84 h 时均达到最高值。Val 和 Ile 在 0~24 h 含量显著减少（$P<0.05$），而后逐渐增加，趋势与 Asp 等氨基酸基本相似。Cys 在发酵全程呈逐渐增加趋势，96 h 达最高值（15.60±0.08）mg/100 mL。Gly 在 0~24 h 由（1.27±0.04）mg/100 mL 减少至 0 mg/100 mL 后再未出现，而 Tyr 仅仅出现在 48 h，含量为（4.79±0.10）mg/100 mL，其余时间均为 0 mg/100 mL。

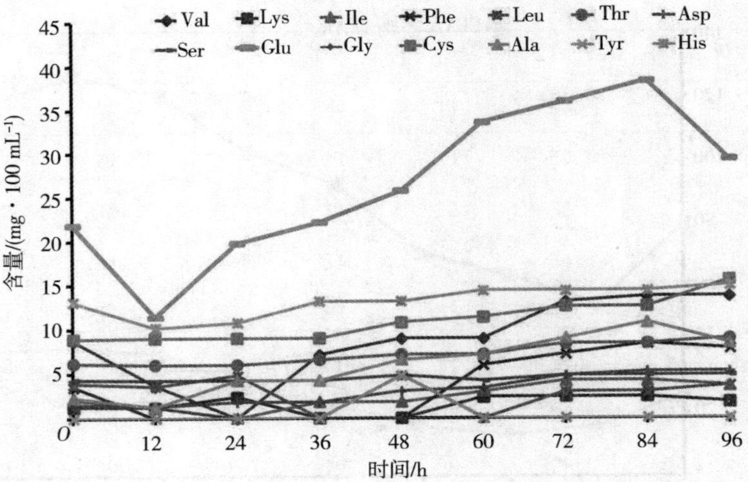

图 2－5　酸马奶发酵过程中游离氨基酸含量变化趋势

为了使数据结果更加直观,分别将总游离氨基酸(TFAA)和必需游离氨基酸(EFAA)进行统计,结果如图 2－6 所示。TFAA 含量在 0～12 h 极显著减少($P<0.01$),而后逐渐增加,84 h 达到最高值(126.53 ± 0.92)mg/100 mL,84～96 h 又有所减少。EFAA 含量在 0～24 h 极显著减少,而后趋势与 TFAA 一致,84 h 达最高值(40.25 ± 0.35)mg/100 mL。可见,酸马奶在发酵 84 h 时 TFAA 和 EFAA 含量最高。

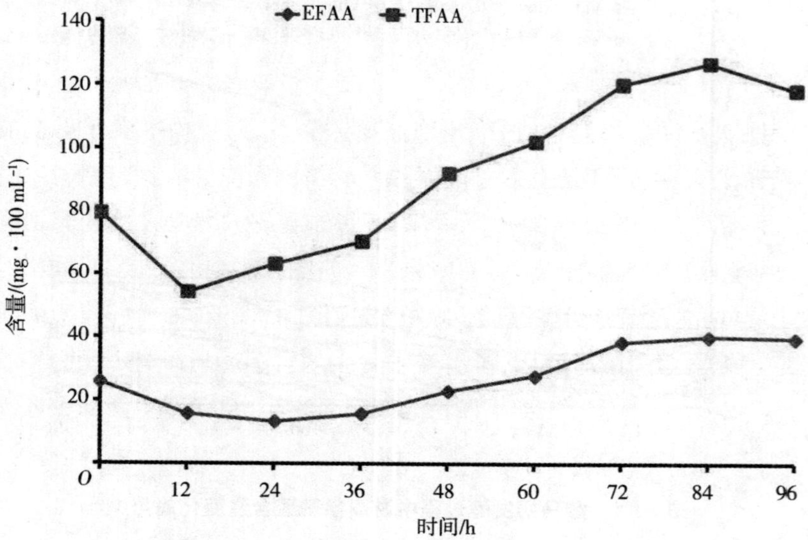

图 2-6　酸马奶发酵过程中 TFAA 和 EFAA 含量变化

2.4.6　粗脂肪含量的变化

粗脂肪含量变化如图 2-7 所示。在发酵过程中其值虽然上下波动，且84 h 出现最高值(1.43 ±0.24)g/100 mL，但整个发酵过程中粗脂肪含量变化不显著($P>0.05$)。

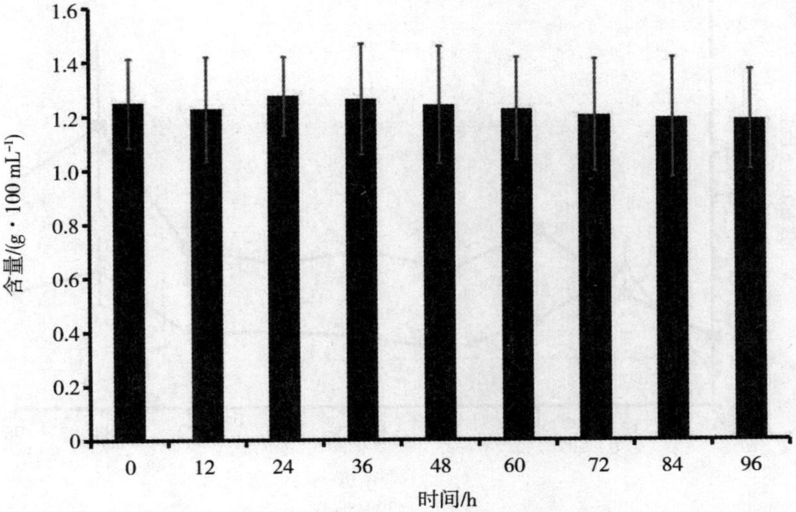

图 2－7　酸马奶发酵过程中粗脂肪含量变化

2.4.7　游离脂肪酸含量的变化

酸马奶发酵过程中游离脂肪酸检测结果显示：共检测到 23 种脂肪酸，包括 14 种饱和脂肪酸（SFA）和 9 种不饱和脂肪酸（UFA）。饱和脂肪酸中丁酸（C4:0）含量比其他饱和脂肪酸含量高许多，且在 72 h 达最高值（108.84 ± 6.59）mg/L；其次为棕榈酸（C16:0），84 h 达最高值（30.37 ± 0.58）mg/L。单不饱和脂肪酸（MUFA）和多不饱和脂肪酸（PUFA）的含量在发酵全程上下波动（如图 2－8 所示），均在 84 h 达最高值，分别为（16.36 ± 3.93）mg/L 和（33.68 ± 10.05）mg/L。

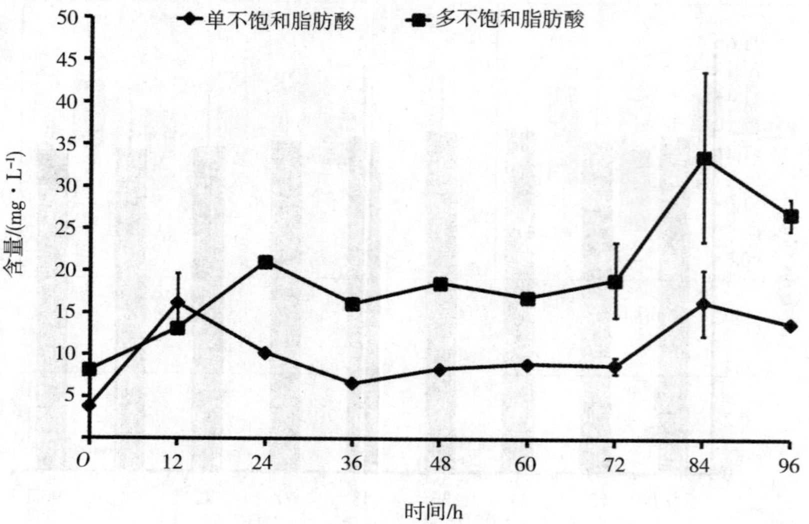

图2－8　酸马奶发酵过程中单不饱和脂肪酸和多不饱和脂肪酸含量变化

本书中共检测到5种多不饱和脂肪酸，包括亚油酸（C18∶2*n*6c）、α－亚麻酸（C18∶3*n*3）、γ－亚麻酸（C18∶3*n*6）、DHA（C22∶6*n*3）和EPA（C20∶5*n*3），且该5种多不饱和脂肪酸在发酵过程中含量变化趋势见图2－9。亚油酸和α－亚麻酸在发酵全程含量变化趋势极为相似，0～24 h含量显著增加（$P<0.05$），24～36 h显著减少（$P<0.05$），36～48 h显著增加（$P<0.05$），48～72 h虽有所下降，但差异不显著（$P>0.05$）；72～96 h两者产生差异，α－亚麻酸含量虽增加再减少，但差异不显著（$P>0.05$），而亚油酸在72～84 h显著增加（$P<0.05$），后减少（$P>0.05$）；两者均在84 h达最高值，为（4.61±0.66）mg/L（亚油酸）和（24.76±8.26）mg/L（α－亚麻酸）。γ－亚麻酸在48 h前未检测到，48～72 h含量增加极显著（$P<0.01$），84 h达最高值（3.05±1.04）mg/L后略减少，差异不显著（$P>0.05$）。DHA在24 h前未检测到，24～48 h含量显著增加（$P<0.05$），48～60 h之间极显著减少（$P<0.01$），60 h后又转为增加，72 h达到最高值（3.24±1.98）mg/L。EPA在12 h、24 h和60 h均未检测到，最高值（0.79±0.35）mg/L出现在36 h，剩余5个时期含量无显著差异（$P>0.05$）。酸马奶在84 h时必需脂肪酸含量最高，食用价值也最高。

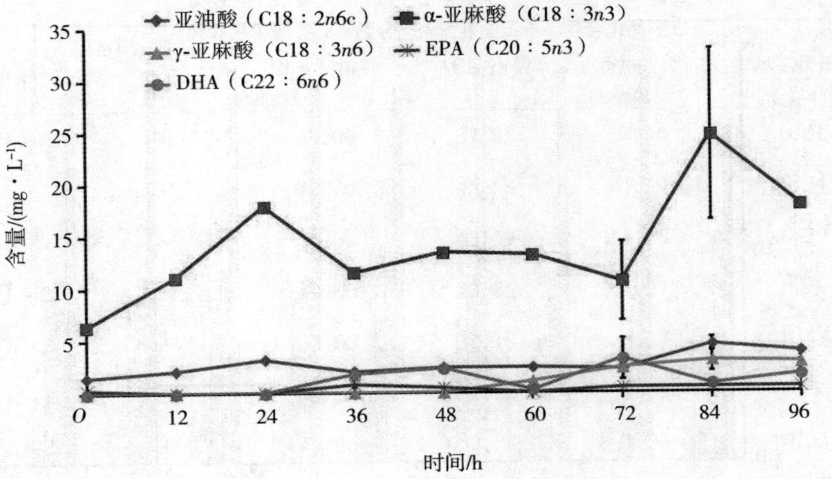

图 2－9　酸马奶发酵过程中 5 种多不饱和脂肪酸含量变化

2.4.8　挥发性风味物质的动态分析

2.4.8.1　挥发性风味物质的组成及含量的变化

本书共检测出 50 多种风味物质，包括酸类化合物、酯类化合物、醛类化合物、醇类化合物、酮类化合物、芳香族化合物等 6 大类风味物质，且各发酵时期种类最多的为酯类化合物（如图 2－10）。

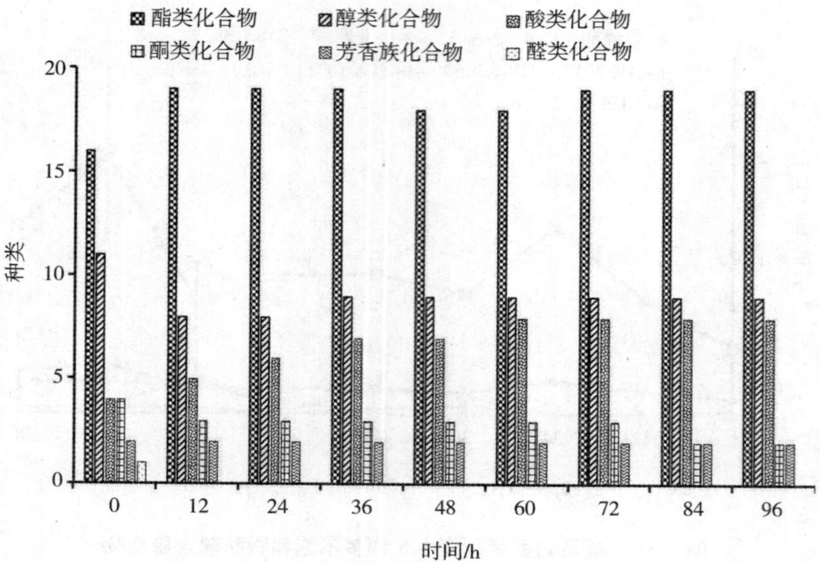

图 2-10　酸马奶发酵过程中 6 大类挥发性风味物质种类变化

酯类化合物因其感觉阈值较低,对发酵乳的风味影响很大,是重要的风味物质之一。在酸马奶发酵过程中酯类化合物的变化情况可分为三大类:发酵全程均检测到的、发酵期间消失的和发酵期间新增的。第一大类包括戊酸甲酯、辛酸甲酯、12-甲基十四烷酸甲酯、11,14-二十碳二烯酸甲酯等。属于第二大类的酯类化合物共有 12 种,其中相对峰面积最大为辛酸乙酯,在 0~12 h 由 12.27% ±0.42% 极显著增加至 51.24% ±1.98% ($P<0.01$),后有所减少,但差异不显著($P>0.05$)。其次为癸酸乙酯,0~12 h 由 9.37% ±0.80% 显著增加至 21.53% ±0.74% ($P<0.01$),之后继续增加,84 h 出现最大值 25.81% ±1.27%。剩余 10 种酯类化合物大部分变化趋势一致,均在 0~12 h 显著增加($P<0.05$),后虽有持续增加趋势,但差异不显著($P>0.05$)。第三大类,即新增的酯类化合物有乙酸乙酯、乳酸异戊酯、乙酸异戊酯、丁位壬内酯、正己酸乙酯、庚酸乙酯和辛酸丙酯等 7 种,除了乙酸乙酯,其他含量均较低。酸马奶发酵期间几种主要酯类化合物的相对峰面积变化见图 2-11。

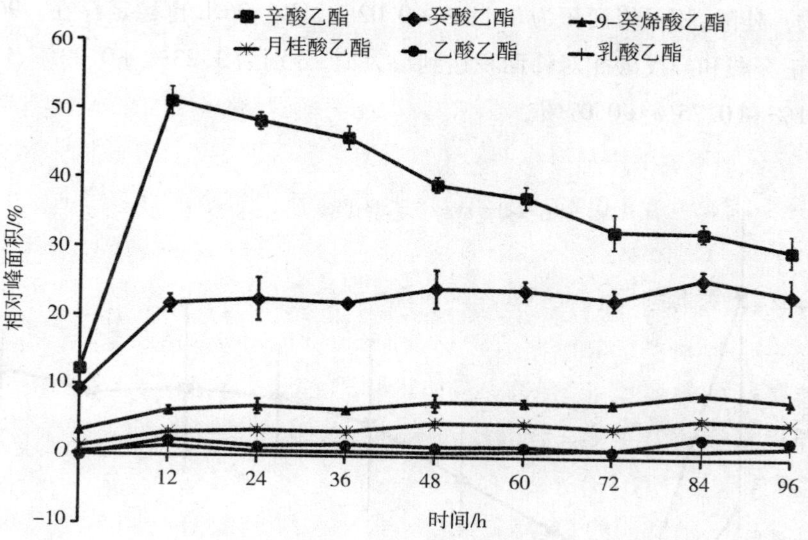

图 2-11　酸马奶发酵过程中几种主要酯类化合物变化

酸类化合物也是发酵乳制品中主要风味物质之一。各时间点样品中几种主要酸类化合物的变化见图 2-12。发酵 0 h,检测到 4 种酸类化合物,即辛酸、正癸酸、肉豆蔻油酸、4-甲基-2-氧代戊酸,相对峰面积分别为 4.17% ±0.47%、1.87% ±0.67%、0.02% ±0.01%、0.18% ±0.03%,在之后的各时间点该 4 类物质持续存在;发酵 12 h,新增的酸类化合物有亚油酸,相对峰面积为 0.05% ±0.01%,且 84 h 之前均有检测到;发酵 24 h 时新增酸类化合物异戊酸的相对峰面积为 0.09% ±0.03%,之后其含量呈逐渐增加趋势;发酵36 h时酸类化合物种类增加至 7 种,即辛酸、正癸酸、肉豆蔻油酸、4-甲基-2-氧代戊酸、亚油酸、异戊酸和异丁酸,其相对峰面积分别为 2.11% ±0.62%、0.62% ±0.32%、0.05% ±0.01%、0.31% ±0.03%、0.08% ±0.02%、0.24% ±0.06%、0.03% ±0.01%。除了第一次出现的异丁酸和显著增加至最大值 0.31% ±0.03% 的 4-甲基-2-氧代戊酸($P<0.01$)以外,其他物质含量与前一时间点相较无显著差异($P>0.05$)。发酵 48 h 时正癸酸含量由 36 h 时的 0.62% ±0.32% 显著增加至 0.92% ±0.23%($P<0.05$),其他物质无显著差异($P>0.05$)。发酵 60 h,9-癸烯酸第一次出现,相对峰面积为 0.11% ±0.02%,因此该时间点酸类化合物种类增加至 8 种。发酵 84 h 时亚油酸消失,但出现一种新化合物月桂酸,相对峰面积为0.11% ±0.02%,且在96 h也稳定存在。96 h时辛酸、正癸酸和异戊酸相对峰面积达到最大值,分别为3.23% ±0.23%、1.16% ±0.01%和0.75% ±0.07%。

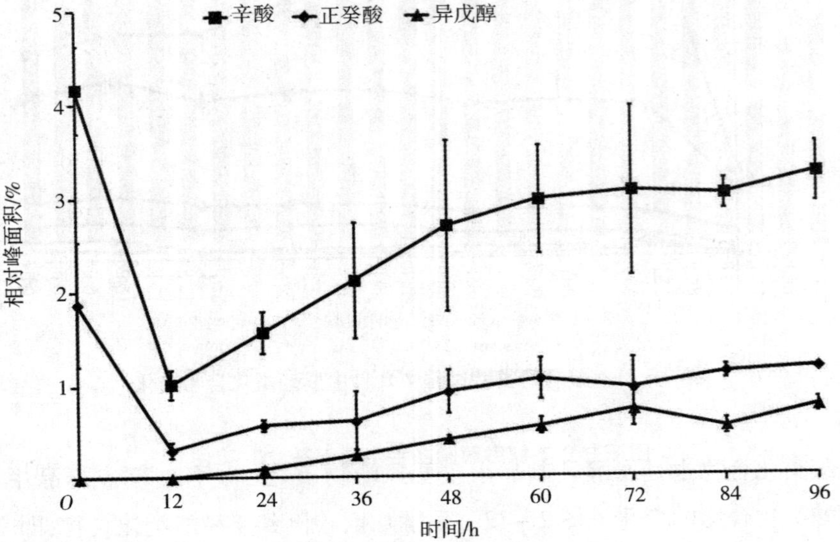

图2-12 酸马奶发酵过程中几种主要酸类化合物变化

在发酵0 h,共检测到11种醇类化合物,即异戊醇、1-壬醇、正辛醇、2,7-二甲基-4,5-十一烷二醇、2-庚醇、正庚醇、1-戊醇、1-己烯-3-醇、2-乙基己醇、1,14-十四烷二醇、(Z,Z,Z)-9,12,15-十八三烯-1-醇,相对峰面积分别为14.34% ±1.76%、0.54% ±0.03%、0.93% ±0.11%、0.09% ±0.01%、0.49% ±0.05%、0.63% ±0.13%、0.34% ±0.02%、0.27% ±0.01%、1.17% ±0.07%、0.29% ±0.03%和0.35% ±0.02%。其中前6种醇类化合物在整个发酵过程中持续存在,而后5种只在0 h时检测出。发酵12 h时除了持续存在的6种醇类化合物以外,新增二异丁基甲醇和乙醇,相对峰面积为0.11% ±0.02%和8.78% ±0.94%。该时间点产生的乙醇在之后的各时间点持续存在(如图2-13所示)。发酵24 h时,除了2-庚醇由12 h的0.01% ±0.00%显著增加为0.03% ±0.01%($P<0.05$)以外,其他醇类化合物无显著差异($P>0.05$)。发酵36 h时新增一种醇类化合物2-壬基醇,此时醇类化合物种类变为 9 种，且此 9 种化合物在之后的时间点也持续存在。

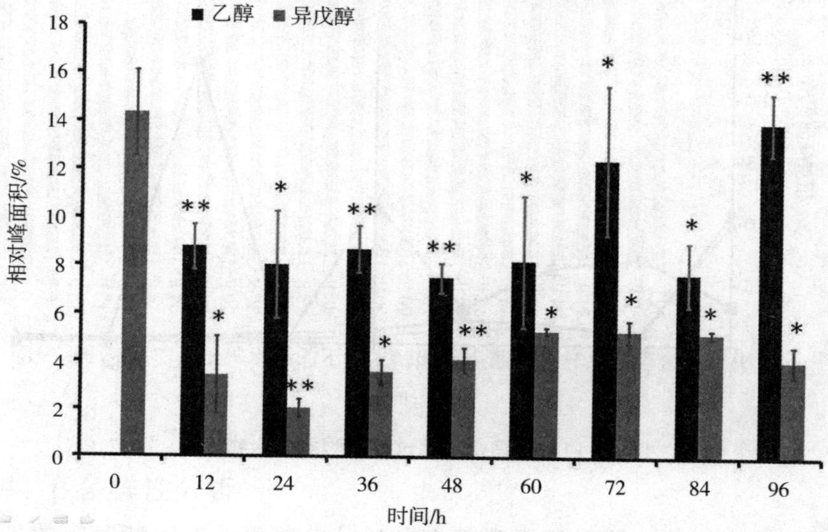

图 2－13　酸马奶发酵过程中乙醇和异戊醇变化

发酵 0 h 时共检测到 4 种酮类化合物，分别为 2－壬酮、2－庚酮、3－羟基－2－丁酮、甲基庚烯酮。其中能赋予发酵乳水果味的 2－壬酮和 2－庚酮在整个发酵时期持续存在，且变化趋势基本相似，如图 2－14 所示。二者相对峰面积均在 0～12 h 和 36～60 h 之间显著减少（$P<0.05$），而后趋于稳定。3－羟基－2－丁酮在 0～48 h 的各时间点均检测到且相对峰面积无显著差异（$P>0.05$），发酵 60 h 时并未检测到该物质，72 h 再次出现且显著增加至最大值 2.26% ±0.61%，而后消失。甲基庚烯酮只在 0 h 时出现并随着发酵时间的延长消失。

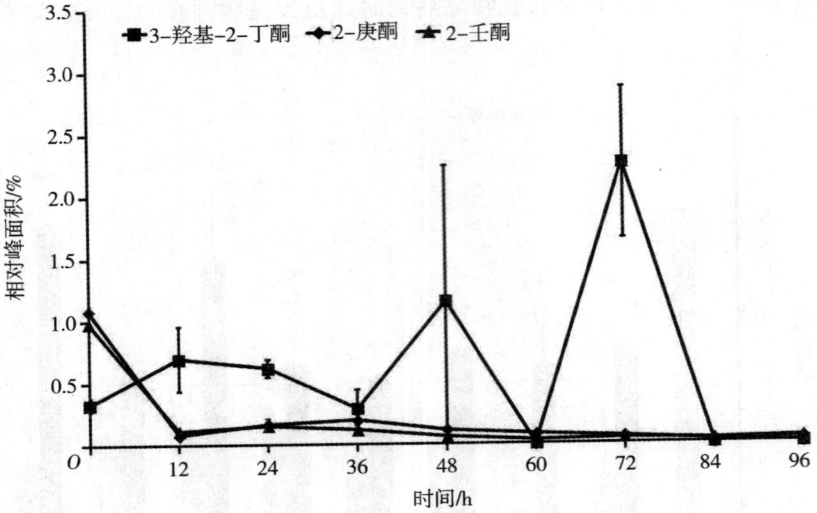

图 2－14　酸马奶发酵过程中酮类化合物变化

醛类化合物苯乙醛和异戊醛仅在 0 h 时出现并随着发酵时间的延长而消失。

苯乙醇和乙酸苯乙酯是检测到的两种芳香族化合物。其中苯乙醇在发酵 0 h时相对峰面积为 2.00% ±0.31%，12 h 时显著降低至 0.43% ±0.09%，而后在 36～60 h 显著增加，84 h 达最大值 1.63% ±0.08%。乙酸苯乙酯在 0 h 时并未检测到，12 h 时第一次出现且直至 84 h 相对峰面积均较低，在 96 h 时显著增加至最大值 0.16% ±0.01%。苯乙醇和乙酸苯乙酯能赋予酸马奶清甜的花香。

2.4.8.2　关键挥发性风味物质的评定

发酵乳的风味是由各挥发性风味物质的感觉阈值与其在整体风味中的含量共同决定的。为确定本书中关键挥发性风味物质，按照公式(2－1)计算得出各组分的 *ROAV* 值(见表 2－3)，该值可准确地评价单一香气组分对整体风味的贡献程度。一般认为 $ROAV \geqslant 1$ 的物质为所测样品的关键挥发性风味物质，$0.1 \leqslant ROAV < 1$ 的组分对样品的总体风味具有重要的修饰作用。

结果表明，已定性的多种挥发性风味物质中对酸马奶整体风味有较大影响的物质所占比例较小。由表 2－3 可知，发酵起始即 0 h 的关键挥发性风味物质($ROAV \geqslant 1$)有异戊醛、辛酸乙酯、苯乙醛，其中辛酸乙酯在整个发酵过程中对整体风味的贡献均较大，其余两种即异戊醛和苯乙醛在之后的发酵过程中均消失。在该时间点，对整体风味有重要修饰作用的物质（$0.1 \leqslant ROAV < 1$）有癸酸乙酯、异戊醇、1－壬醇、2－壬酮。发酵初期即 12 h 时关键挥发性风味物质（$ROAV \geqslant 1$）除了辛酸乙酯以外还有癸酸乙酯、乙酸乙酯和正己酸乙酯。对整体风味有重要修饰作用的物质（$0.1 \leqslant ROAV < 1$）有乙酸异戊酯、异戊醇、1－壬醇、2－壬酮、3－羟基－2－丁酮。在发酵 24～72 h，关键性风味物质为辛酸乙酯和癸酸乙酯，有重要修饰作用的物质共有 4 种，分别为乙酸乙酯、乙酸异戊酯、正己酸乙酯和 3－羟基－2－丁酮。前 3 种对此阶段的每个时间点样品均有作用，但 3－羟基－2－丁酮只对 72 h 的样品有修饰作用。发酵后期（即 84 h 和 96 h 两个时间点）的关键挥发性风味物质和重要修饰物质基本相似，分别为辛酸乙酯、癸酸乙酯、乙酸乙酯（$ROAV \geqslant 1$）和乙酸异戊酯、正己酸乙酯、1－壬醇（$0.1 \leqslant ROAV < 1$）。唯一区别是异戊醇，对于 84 h 的样品具有重要修饰作用（$0.1 \leqslant ROAV < 1$），而对于 96 h 时的酸马奶无作用（$ROAV < 0.1$）。以上数据说明，在酸马奶发酵初期、中期和后期，风味特征具有一定差别。

表 2－1　酸马奶发酵过程中关键挥发性风味物质及对应 *ROAV* 值

化合物名称	化学式	感觉阈值/（$\mu g \cdot L^{-1}$）	*ROAV* 值								
			0 h	12 h	24 h	36 h	48 h	60 h	72 h	84 h	96 h
醛类化合物											
异戊醛	$C_5H_{10}O$	0.25	100	—	—	—	—	—	—	—	—
酯类化合物											
辛酸乙酯	$C_{10}H_{20}O_2$	0.69	31.34	100	100	100	100	100	100	100	100
癸酸乙酯	$C_{12}H_{24}O_2$	20	0.83	6.14	1.52	1.58	1.82	2.12	2.10	2.72	2.50
乙酸乙酯	$C_4H_8O_2$	5	—	2.45	0.39	0.47	0.43	0.52	0.40	1.25	1.07
乙酸异戊酯	$C_7H_{14}O_2$	3	—	0.94	0.13	0.13	0.14	0.17	0.17	0.45	0.41
正己酸乙酯	$C_8H_{16}O_2$	0.5	—	2.96	0.40	0.44	0.29	0.34	0.25	0.28	0.25

续表

化合物名称	化学式	感觉阈值/($\mu g \cdot L^{-1}$)	*ROAV* 值								
			0 h	12 h	24 h	36 h	48 h	60 h	72 h	84 h	96 h
醇类化合物											
异戊醇	$C_5H_{12}O$	100	0.25	0.19	0.03	0.05	0.06	0.09	0.09	0.11	0.09
1-壬醇	$C_9H_{20}O$	2	0.48	0.12	0.05	0.05	0.07	0.08	0.09	0.11	0.11
酮类化合物											
2-壬酮	$C_9H_{18}O$	5	0.35	0.13	0.04	0.03	0.02	0.01	0.01	0.01	0.02
3-羟基-2-丁酮	$C_4H_8O_2$	40	0.01	0.10	0.02	0.01	0.04	—	0.10	—	—
芳香族类化合物											
苯乙醛	C_8H_8O	4	6.14	—	—	—	—	—	—	—	—

2.4.8.3 酸马奶发酵过程中各发酵时间点挥发性风味物质的相关性分析

为了更直观地了解酸马奶发酵过程中各时间点挥发性风味物质的差异，利用非监督模式识别方法——PCA法对多元数据进行分析。图2-15为不同发酵时间点的主成分得分图和载荷图。得分图中呈现了样本在新多元空间中的分布，样品点越接近，说明其挥发性风味物质组成及含量的相似度越高。由图可看出，0 h时的样品在得分图的左侧，与其他时间点样品完全区分，且该时间点的样品的风味与苯乙醛、异戊醛含量呈较强的正相关；12 h、24 h、36 h三个时间点的样品均分布于得分图中心偏左，相互之间未完全区分开，该阶段样品的风味与异戊醇呈较强的正相关；48 h、60 h、72 h、84 h、96 h等时间点的样品分布于得分图中心点右侧，且无法完全，且该阶段的样品的风味与乙酸乙酯、癸酸乙酯、月桂酸乙酯、9-癸烯酸乙酯、乙醇等化合物含量呈正相关。

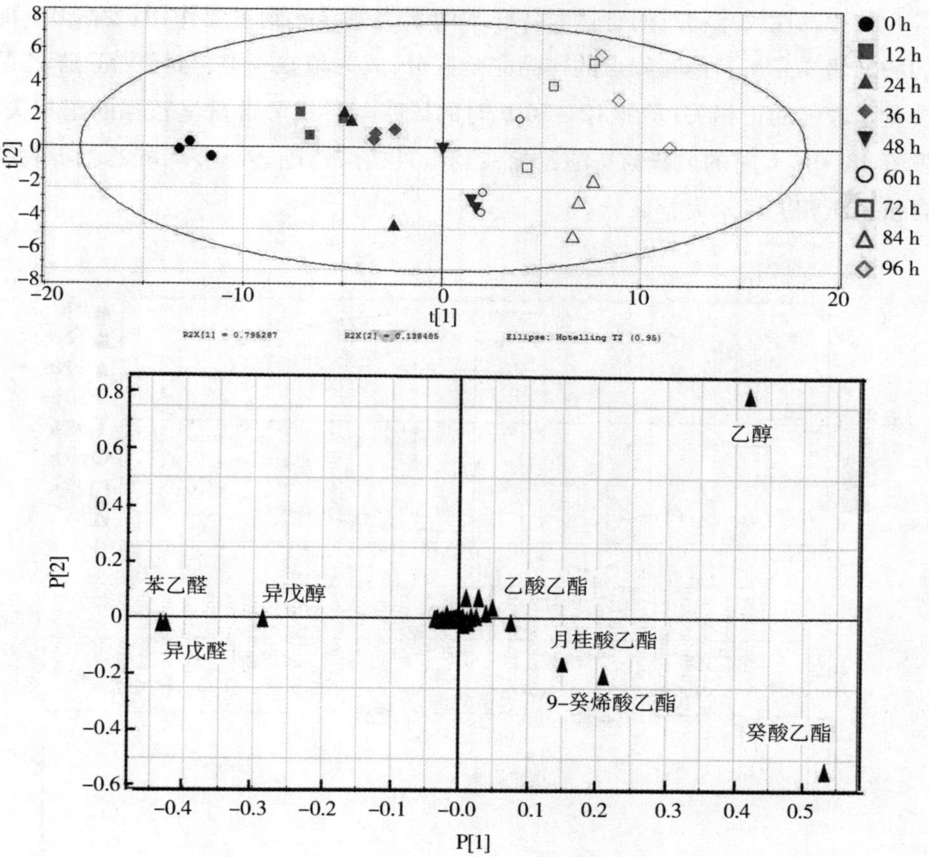

图 2 – 15　PCA 法主成分得分图和载荷图

注：第一主成分贡献率 79.6%，第二主成分贡献率 13.8%，置信区间为 95%。

为进一步验证酸马奶发酵各时间点样品之间的差异，本书采用有监督模式识别方法——PLS 法对多元数据进行分析。PLS 模型有很好的拟合性与令人满意的预测性。图 2 – 16 是 PLS 法第一主成分和第二主成分得分图与载荷图，得分图显示了发酵过程中各阶段挥发性风味物质聚类结果，与 PCA 分析结果一致。通过 PLS 载荷图能够鉴定出对各发酵时间点样品聚类差异贡献率显著的代谢物。在载荷图中，载荷值越大、位置距离原点越远的挥发性风味物质对聚类差异的贡献率也越大。同时，在 PLS 模型中，*VIP* 值反映出每种化合物对该聚类差异的贡献，*VIP* 值越高意味着贡献越大。结合图 2 – 16 和图 2 – 17 可知，癸酸乙酯、异戊醛、苯乙醛、乙醇、异戊醇、9 – 癸烯酸乙酯、辛酸乙酯、月桂酸乙酯等8种挥发性风味物质的含量对各样本间聚类差异起到主要作用:发酵0 h时的酸马奶样品与其他时间点的样品完全区分,成为单独一类,与异戊醛、苯乙醛含量呈较强的正相关;发酵12~36 h时的风味与异戊醇含量呈较强的正相关;发酵48~96 h时的风味与癸酸乙酯、乙醇、月桂酸乙酯、9-癸烯酸乙酯等物质含量呈正相关且未完全区分。

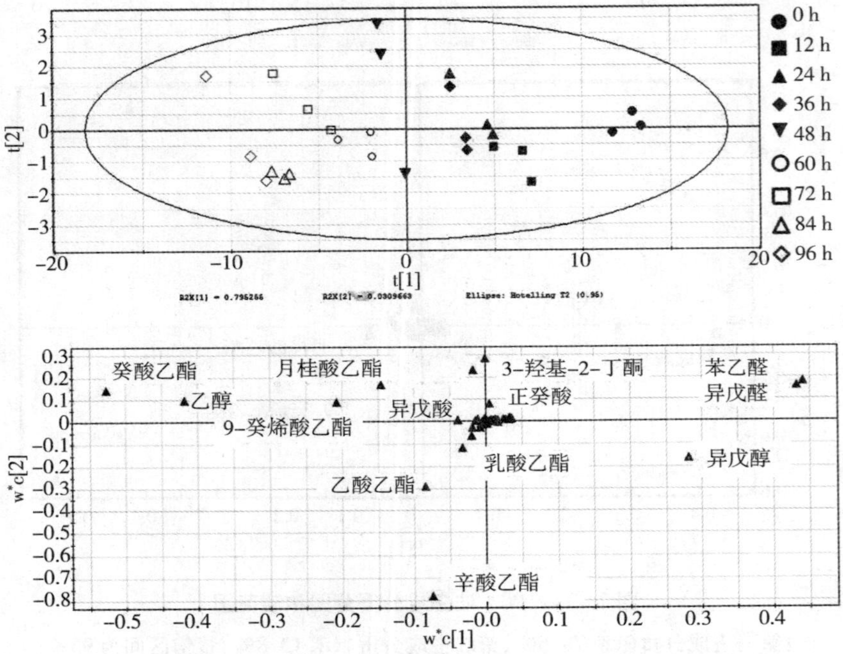

图2-16 PLS法主成分得分图和载荷图

$R^2X_{\mathrm{cum}} = 0.795, Q^2_{\mathrm{cum}} = 0.985$

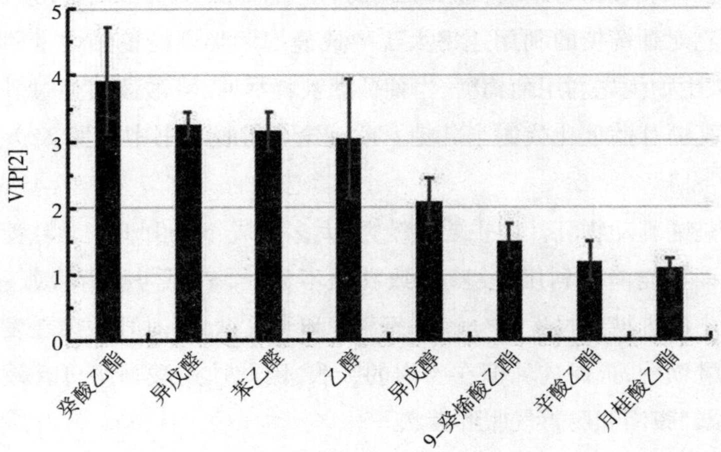

图 2－17　PLS 分析 VIP 图

2.5　讨论

2.5.1　酸马奶发酵过程中糖类物质含量动态变化

酸马奶发酵过程中发生了许多生物化学反应，其中，糖类物质的代谢是关键代谢过程，研究糖类代谢过程对改善酸马奶风味有重要的意义。鲜马奶中所含的糖类物质几乎全为乳糖，且比牛乳的含量高出 20%，因此研究酸马奶发酵过程中糖类物质的代谢主要就是研究乳糖的代谢。本书中随着发酵时间的延长，乳糖含量由最初的（7. 143 ± 0. 213）g/100 g 逐渐降低为（0. 016 ± 0. 010）g/100 g，尤其在 0 ~ 6 h、36 ~ 42 h、66 ~ 90 h 等时间段降低较迅速。乳糖在发酵过程中的降低趋势与布仁其其格、殷文政等人的研究结果基本一致。

乳糖含量下降是由于鲜马乳中的乳糖在乳酸菌的作用下，通过半乳糖苷经过酶和磷酸转移酶的作用进入细胞，然后由 β－半乳糖苷酶水解成一分子的葡萄糖和一分子的半乳糖。本书中 0 ~ 6 h 乳糖含量显著下降，而葡萄糖和半乳糖含量显著上升,但含量均不高。尤其葡萄糖在 24 h 后显著下降,36 h 后再未检出。这是因为乳酸菌可继续代谢葡萄糖产生乳酸和一些还原性物质。因此,该阶段微生物对葡萄糖的利用速率大于生成速率。半乳糖整体含量稍高于葡萄糖,因为微生物优先利用葡萄糖,当葡萄糖被耗尽时,乳酸菌将通过乳糖通透酶和 β - 半乳糖苷酶催化代谢半乳糖。此理论可解释本书中发酵 24 h 后半乳糖含量显著下降。

乳糖是哺乳动物乳汁中主要的糖类,大多数成年人由于缺乏乳糖酶或乳糖酶活性低而不能消化利用乳糖,导致乳糖不耐受,表现为肠胃气胀、腹痛和腹泻。马乳中的乳糖通过发酵分解为葡萄糖和半乳糖,同时乳酸菌在发酵过程中可以产生乳糖酶,可促进乳糖在肠内的吸收,因此饮用酸马奶可有效缓解乳糖不耐受,减轻腹泻和肠胃气胀等症状。

2.5.2 酸马奶发酵过程中 pH 值和有机酸含量的动态变化

酸马奶发酵过程中,马乳中的乳糖在乳酸菌和酵母菌的作用下降解,产生大量以乳酸为主的有机酸,使得其 pH 值下降。布仁其其格等人对内蒙古锡林郭勒盟农户家酸马奶发酵过程进行检测,发现酸马奶 pH 值最低达到 3.54。本书中,酸马奶 pH 值由最初的 6.13 ±0.006 逐渐下降至最低值 3.58 ±0.006,稍高于布仁其其格等人的研究结果。孙天松等人研究发现,新疆维吾尔自治区不同地区 28 份酸马奶样品的 pH 值为 3.47 ~4.56。1998 年,内蒙古农业大学与日本国际协力机构(JICA)对内蒙古锡林郭勒盟牧民采用传统方法制备的酸马奶(3 个样品)进行了测定,发现酸马奶 pH 值为 3.5 ~4.0。Ishii 对蒙古国游牧民族 3 个地区的酸马奶进行了测定,发现酸马奶 pH 值为 3.7 ~3.9。以上研究结果表明,酸马奶 pH 值受到微生物组成、环境、气候、发酵温度和发酵时间等因素的影响,会有一定差异。

有机酸不仅是酸马奶中乳糖代谢的中间产物,又是形成某些风味物质的前体物。酸马奶发酵过程中产生的有机酸主要为乳酸,且增加幅度较大,从最初的(0.278 ±0.028)g/100 g 增加到(1.660 ±0.034)g/100 g,虽然含量不及布仁其其格等人的研究结果,但整体趋势基本一致。在酸马奶的生产中乳酸起着非常重要的作用:首先,乳酸导致 pH 值降低,致使乳中的酪蛋白凝固,酸马奶得以形成;其次,乳酸的特征性味道,使酸马奶具有浓厚的风味和芳香味。糖代谢过程中除乳酸外还会产生其他有机酸。本书还检测了乙酸、丙酸和丁酸这 3 种有机酸。其中乙酸和丁酸含量也呈增加趋势,且丁酸的增加幅度大于丙酸。丁酸含量从最初的(0.023 ± 0.001)g/100 g 增加为发酵结束时的(0.947 ± 0.024)g/100 g。乙酸含量在酸马奶发酵过程中呈缓慢增加趋势,增幅较小,而丙酸含量全程较低。酸马奶中的有机酸是构成其独特风味的重要成分之一。

2.5.3　酸马奶发酵过程中粗蛋白和游离氨基酸含量的动态变化

在生命活动过程中蛋白质无处不在,而且具有多种生理功能,而乳制品是人体蛋白质的主要来源之一。本书中,粗蛋白含量在发酵全程无显著变化。该变化趋势与布仁其其格等人的研究结果基本一致。在酸马奶发酵过程中,马乳中的蛋白质被微生物降解形成肽、氨基酸等小分子物质,同时一些小分子物质也会重新合成蛋白质或多肽类物质,因此蛋白质的合成和分解呈动态平衡。

氨基酸是人体不可或缺的营养成分之一,因此氨基酸的组成结构是评价食物营养价值优劣的重要指标之一。在酸马奶发酵过程中,蛋白质水解成肽类和氨基酸。酸马奶中氨基酸有益于肠道健康,可提高机体免疫功能,尤其是游离氨基酸可直接被人体吸收且吸收速率快、利用率高。因此本书监测了酸马奶发酵过程中游离氨基酸含量的动态变化。数据结果表明,共检测出 14 种游离氨基酸,其总量在 0 ~ 12 h 极显著下降,而后逐渐上升,TFAA 含量 84 h 时达到最高值(126.53 ± 0.92)mg/100 mL,而后又有所下降。在本书中,0 ~ 12 h 时乳酸菌的分解利用占主导地位,12 ~ 84 h 时蛋白质的水解占主导地位,84 ~ 96 h 时分解利用又重占主导地位。在这 14 种游离氨基酸中,有 6 种人体必需氨基酸,分别为 Val、Lys、Ile、Phe、Thr、Leu,其总量在发酵过程中呈先下降后上升的趋势,84 h 时达最高值(40.25 ± 0.35)mg/100 mL。必需氨基酸是人体必不可少而本身不能合成的,必须从食物中获取的氨基酸。因此,就游离氨基酸和 EFAA 含量而言,本书中发酵 84 h 时的酸马奶营养价值最高。

2.5.4　酸马奶发酵过程中粗脂肪和脂肪酸含量的动态变化

脂肪对人体极其重要,但过多的脂肪也会带来诸多困扰,例如血液中过高的血脂，很可能引发高血压和心脏病等。数据表明，酸马奶脂肪含量比市售酸牛奶脂肪含量(一般为3% ~5%)要低。例如，研究人员对内蒙古锡林浩特某酸马奶样品的测定结果显示，其脂肪含量为1.5%；内蒙古农业大学与日本国际协力机构对内蒙古锡林郭勒盟牧民用传统法制备的3个酸马奶样品进行测定，发现其脂肪含量为0.96% ~1.09%；孙天松等人对新疆地区28份酸马奶样品检测结果显示，其脂肪含量为(1.31 ~2.54)g/100 mL；Ishii对蒙古国游牧民族3个地区的酸马奶进行的测定显示，脂肪含量为1.2% ~1.9%。本书中所测酸马奶中粗脂肪含量最高值出现在84 h，为(1.43 ±0.24)g/100 mL，但与0 h的(1.25 ±0.16)g/100 mL相比无显著差异。与以上研究结果相比，本书中的酸马奶样品粗脂肪含量属偏低水平。

乳脂类的酶促水解反应最终产生游离脂肪酸和甘油。此外，乳糖代谢、氨基酸脱氨基和脂类氧化等都可能形成游离脂肪酸。脂肪酸可分为饱和脂肪酸和不饱和脂肪酸。不饱和脂肪酸还可以分为单不饱和脂肪酸和多不饱和脂肪酸，其中多不饱和脂肪酸是人体必需的脂肪酸，具有诸多生理功能，例如调节血脂、改善血液循环、防止动脉粥样硬化和血栓形成等。但多不饱和脂肪酸人体自身不能合成，必须由食物供给。本书共检测出23种脂肪酸，包括14种饱和脂肪酸和9种不饱和脂肪酸，其中包括5种多不饱和脂肪酸，分别为亚油酸(C18:2*n*6c)、α-亚麻酸(C18:3*n*3)、γ-亚麻酸(C18:3*n*6)、DHA(C22:6*n*3)和EPA(C20:5*n*3)。该5种脂肪酸虽然在发酵过程中变化情况不一，但其总量在84 h达最高值。因此就不饱和脂肪酸含量而言，本书中发酵84 h时的酸马奶营养价值最高。

2.5.5 酸马奶发酵过程中挥发性风味物质的研究

风味能影响消费者对产品的选择，尤其能给消费者气味感受的挥发性风味物质是吸引消费者的关键之一。因此，对酸马奶制作者来说，阐明由酸马奶的不同挥发性成分所产生的风味特征是非常重要的。挥发性风味物质由微生物脂类代谢、糖代谢和蛋白质水解等不同代谢途径所产生。本书对酸马奶发酵过程中挥发性风味物质进行检测分析，确定各阶段风味物质种类及含量的变化趋势。同时，结合ROAV、PCA和PLS等方法探究发酵过程各阶段一些关键挥发性风味物质之间存在的差异，以期为酸马奶的发酵控制和优良产品的开发提供理论基础。

本书共检测出 50 多种挥发性风味物质，包括酸类、酯类、醛类、醇类、酮类、芳香族等 6 大类风味物质，其中种类最多的为酯类化合物。研究人员发现，大多数酯类化合物都具有水果和花类香气，可能有助于降低发酵乳中脂肪酸和胺的尖锐、苦涩味道。虽然酸类化合物整体上含量不高，但却是体现酸马奶保健功能特色的主要部分。比如辛酸可以促进胃排空，利于消除功能性消化不良患者的临床症状。本书结果表明，在整个发酵时期，辛酸相对含量高于其他酸类化合物。醇类物质可以转化成酸，是发酵乳中不可或缺的风味物质。本书中，醇类化合物以乙醇和异戊醇为主，且有研究指出酸马奶的醇味主要由乙醇形成。但由于醇类化合物感觉阈值较高，其对酸马奶的风味贡献并不大。酮类化合物多由不饱和脂肪酸的氧化、热降解，氨基酸降解或微生物代谢产生。本书共检测到 4 种酮类化合物，分别为 2－壬酮、2－庚酮、3－羟基－2－丁酮、甲基庚烯酮。其中能赋予酸马奶水果味的 2－壬酮和 2－庚酮在整个发酵时期持续存在，且变化趋势基本相似。在发酵 0～48 h、72 h 等各时间点检测到 3－羟基－2－丁酮的存在。3－羟基－2－丁酮又名乙偶姻，是酸马奶中普遍存在的一种对风味有重要影响的酮类化合物。

这 50 多种化合物并不是对酸马奶风味均有明显影响。为了确定对各阶段酸马奶风味具有重要影响的化合物，本书结合香味活性值（*ROAV*），对关键挥发性风味物质进行了评价。结果显示，已定性的多种挥发性风味物质中对酸马奶整体风味有较大影响的物质所占比例较小。发酵起始（即 0 h）的关键挥发性风味物质（*ROAV*≥1）有异戊醛、辛酸乙酯、苯乙醛，其中异戊醛和苯乙醛在之后的发酵过程中消失，该两种物质是由马乳带来的。异戊醛的风味贡献率最大，能带来令人愉快的类似苹果的香气；辛酸乙酯贡献率排第二，能赋予马乳类似杏的果香、奶油香、牛奶香和甜酒的香气；苯乙醛能赋予马乳类似杏仁、樱桃等的香气。随着发酵时间的延长（12～96 h），辛酸乙酯成为相对峰面积最大，且对风味贡献率最大的化合物。杜晓敏等人对内蒙古锡林郭勒地区不同发酵阶段酸马奶挥发性风味物质种类和含量进行了检测，结果也显示各时间点辛酸乙酯相对峰面积最大，但并没有结合 *ROAV* 值进行关键挥发性风味物质评价。除此之外，0～12 h 时癸酸乙酯含量显著增加，成为除辛酸乙酯以外，对各发酵阶段酸马奶风味贡献较大的关键挥发性风味物质，它能赋予酸马奶类似梨的果香和葡萄酒的香气。除以上两种共同的关键挥发性风味物质以外，各时间点样品间有一些差异物质。如乙酸乙酯是12 h、84 h和96 h的关键挥发性风味物质，它是由乙醇与酸类物质发生酯化反应产生的，具有水果香气和白兰地酒样的味道；正己酸乙酯仅是发酵12 h时的关键挥发性风味物质，赋予样品菠萝、香蕉等果香和酒香。上述结果说明，关键挥发性风味物质在发酵各阶段呈不断变化状态，使酸马奶呈现出不同的风味特征。

此外，多元统计分析结果表明，发酵0 h、12 ~ 36 h和48 ~ 96 h之间有很好的聚类分离效果。其中0 h与其他时间点完全区分，成为单独一类，与异戊醛、苯乙醛含量呈较强的正相关；12 ~ 36 h阶段风味与异戊醇含量呈较强的正相关；发酵48 ~ 96 h阶段风味与一些酯类化合物含量呈正相关而未完全区分。

综合以上结果，发酵中后期挥发性风味物质组成和含量稍有差别，但并不显著。就关键挥发性风味物质评价结果而言，84 h和96 h基本无差别，但相较于发酵中期(36 ~ 72 h)，酸马奶香气更加丰富。

2.6 小结

为了揭示科尔沁地区食疗用酸马奶发酵过程中主要成分的动态变化规律，本书对发酵各阶段酸马奶样品部分生理生化指标进行了测定分析，结果如下：

(1)发酵过程中乳糖含量整体呈减少趋势，90 h出现最低值；葡萄糖和半乳糖含量在0~6 h显著增加，但含量均不高。其中葡萄糖含量在24 h后显著下降，36 h后再未检出；发酵24 h后半乳糖含量显著减少，96 h达最低值(0.014 ±0.007)g/100 g。

(2)酸马奶发酵过程中产生的有机酸主要为乳酸，且增加幅度较大，从最初的(0.278 ±0.028)g/100 g增加到(1.660 ±0.034)g/100 g；乙酸和丁酸含量也呈增加趋势，且丁酸的增加幅度大于乙酸。丁酸含量从最初的(0.023 ±0.001)g/100 g增加为发酵结束时的(0.947 ±0.024)g/100 g；乙酸在酸马奶发酵过程中呈缓慢增加趋势，增幅较小，而丙酸含量全程较低。由于乳酸、丁酸等有机酸含量逐渐增加，pH值呈逐渐下降趋势，84 h时出现最低值3.58。

(3)发酵过程中粗蛋白含量无显著变化。酸马奶发酵过程中蛋白质水解成游离氨基酸。本书中检测出14种游离氨基酸,其中Glu含量最高,其次为His。TFAA含量在84 h达最高值(126.53 ±0.92)mg/100 mL。在这14种游离氨基酸中,有6种人体必需氨基酸,其总量在发酵过程中呈先减少后增加的趋势,84 h达最高值(40.25 ±0.35)mg/100 mL。

(4)本书中粗脂肪含量最高值出现在84 h,为(1.43 ±0.24)g/100 mL,但与0 h的(1.25 ±0.16)g/100 mL相比无显著差异。除此之外,共检测出23种游离脂肪酸,包括14种饱和脂肪酸和9种不饱和脂肪酸,其中包括5种多不饱和脂肪酸。

(5)本书共检测出50多种挥发性风味物质,包括酸类、酯类、醛类、醇类、酮类、芳香族等6大类风味物质,其中种类最多的为酯类化合物。发酵0 h的关键挥发性风味物质有异戊醛、辛酸乙酯、苯乙醛;发酵12 h时关键挥发性风味物质除了辛酸乙酯以外还有癸酸乙酯、乙酸乙酯和正己酸乙酯;发酵24 ~72 h各时间点,关键挥发性风味物质一致,为辛酸乙酯和癸酸乙酯;发酵后期(即84 h和96 h两个时间点)的关键挥发性风味物质为辛酸乙酯、癸酸乙酯、乙酸乙酯。多元统计分析结果表明,发酵0 h、12 ~36 h和48 ~96 h之间有很好的聚类分离效果。

综上所述,酸马奶发酵过程中蛋白质、必需氨基酸、必需脂肪酸等营养物质在84 h时达最高值,挥发性风味物质相对丰富。因此,就本书的研究内容而言,发酵84 h时的酸马奶营养价值最高,最适宜饮用。

参考文献

[1]斯琴格日乐.蒙医酸马奶疗法辅助治疗作用体会[J].中国民族医药杂志,2012,18(2):21.

[2]徐少泽.马奶、酸马奶的食疗和医用价值[J].中国民族医药杂志,2012,18(2):21-22.

[3]布仁其其格.酸马奶传统发酵过程的宏转录组学分析及细菌群落结构动态变化研究[D].呼和浩特:内蒙古农业大学,2014.

[4]胡京枝,董小海,余大杰.牛奶及其制品中游离氨基酸含量的测定方法研究[J].河南畜牧兽医,2007,28:29-31.

[5]刘登勇,周光宏,徐幸莲. 确定食品关键风味化合物的一种新方法:“ROAV”法[J]. 食品科学,2008,29(7):370 - 374.

[6]Milo C,Grosch W. Changes in the odorants of boiled salmon and cod as affected by the storage of the raw material[J]. Journal of Agricultural and Food Chemistry,1996,44:2366 - 2371.

[7]Powers J J,Ware G O. Comparison of SIGMPLOT,probit and extreme - value methods for the analysis of threshold data [J]. Chemical Senses,1976,2:241 - 253.

[8]Rothe M,Wölm G,Tunger L,et al. Schwellenkonzentrationen von aromastoffen und ihre nutzung zur auswertung von aromaanalysen[J]. Nahrung,1972,16:483 - 495.

[9]任为一,李婷,陈海燕. 不同地域嗜热链球菌在发酵乳制作中产关键性风味物质研究[J]. 食品科学技术学报,2018,36(1):35 - 44.

[10]陈洁,赵建新,陈卫,等. 中温发酵酸乳的游离氨基酸、脂肪酸和感官特性的研究[J]. 食品与发酵工业,2008,34(7):28 - 33.

[11]布仁其其格,高雅罕,包艳青,等. 酸马奶发酵过程中理化指标与细菌相的动态变化[J]. 食品工业科技,2016,37(11):118 - 121.

[12]殷文政,乌尼,钱建伟,等. 锡林郭勒牧区马奶酒生物活性动态的研究[J]. 内蒙古农业大学学报(自然科学版),2002,23(1):9 - 16.

[13]泰米迈,罗宾逊. 酸乳科学与技术[M]. 北京:中国农业出版社,2003.

[14]王柳. 酸乳发酵过程中还原糖和有机酸含量的变化[D]. 西安:陕西科技大学,2014.

[15]陈洪兴. 乳糖和乳糖不耐症[J]. 盐城工学院学报(自然科学版),2002,15(3):32 - 35.

[16]Jost B,Vilotte J L,Duluc I,et al. Production of low - lactose milk by ectopic expression of intestinal lactase in the mouse mammary gland[J]. Nature Biotechnology,1999,17(2):160 - 164.

[17]孙天松,孟和毕力格,王俊国,等. 新疆维吾尔自治区酸马奶化学组成与微生物学分析[J]. 中国乳品工业,2005,33(10):9 - 13.

[18]郭本恒. 功能性乳制品[M]. 北京:中国轻工业出版社,2001.

[19] ZHOU YANMING, LIN JINCAN, WU LUPENG, et al. Effect of antecolic or retrocolic reconstruction of the gastro/duodenojejunostomy on delayed gastric emptying after pancreaticoduodenectomy: a meta - analysis[J]. BMC Gastroenterology, 2015, 15: 68.

[20] Lacy B E. Functional dyspepsia and gastroparesis: one disease or two[J]. American Journal of Gastroenterology, 2012, 107(11): 1615 - 1620.

[21] Smits M J, Loots C M, Benninga M A, et al. New insights in gastroesophageal reflux, esophageal function and gastric emptying in relation to dysphagia before and after anti - reflux surgery in children topical collection on pediatric gastroenterology[J]. Current Gastroenterology Reports, 2013, 15(10): 351.

[22] Grassi M, Petraccia L, Mennuni G, et al. Changes, functional disorders, and diseases in the gastrointestinal tract of elderly[J]. Nutricion Hospitalaria, 2011, 26(4): 659 - 668.

[23] 叶博. 短链脂肪酸促进人和小鼠 gastroids 中产 ghrelin 细胞分化和小鼠胃排空的生理机制研究[D]. 上海: 第二军医大学, 2015.

[24] 郭本恒. 酸奶[M]. 北京: 化学工业出版社, 2003.

[25] Zubillaga M, Weill R, Postaire E, et al. Effect of probiotics and functional foods and their use in different disease[J]. Nutrition Research, 2001, 21(3): 569 - 579.

[26] 王全利, 何四云, 贺习耀, 等. 酸奶发酵过程中游离氨基酸含量的分析[J]. 湖北农业科学, 2014, 53(13): 3137 - 3140.

[27] 黄菲菲, 韩奕奕, 陈美莲. 乳与乳制品中脂肪酸测定方法的比较研究[J]. 乳业科学与技术, 2010, 2: 63 - 65.

[28] 于昱, 袁缨. 多不饱和脂肪酸的营养研究[J]. 中国饲料, 2003, 24: 21 - 28.

[29] 孙翔宇, 高贵田, 段爱莉, 等. 多不饱和脂肪酸的研究进展[J]. 食品工业科技, 2012(7): 418 - 423.

[30] Hickey C D, O'Sullivan M G, Davis J, et al. The effect of buttermilk or buttermilk powder addition on functionality, textural, sensory and volatile characteristics of Cheddar - style cheese[J]. Food Research International, 2018, 103: 468 - 477.

[31] CHENG HEFA. Volatile flavor compounds in yogurt: a review[J]. Critical Reviews in Food Science and Nutrition, 2010, 50(10): 938-950.
[32] 杜晓敏,刘文俊,张和平. 传统酸马奶发酵过程中挥发性风味物质动态变化研究[J]. 中国乳品工业,2017,45(5):4-9.
[33] 张伟,吴本俨. ^{13}C-辛酸呼气试验测定固体胃排空[J]. 北京医学,2003,25(3):200-201.
[34] 贺红军,邹慧,孙宁,等. 紫薯酸奶和普通酸奶挥发性风味物质差异性研究[J]. 现代食品科技,2014,30(8):225-230.
[35] 张列兵,李锋格,赵天佐. 马奶发酵过程中几种风味物质变化规律的研究[J]. 食品与发酵工业,1990(6):49-53.
[36] 葛武鹏,李元瑞,陈瑛,等. 牛羊奶酸奶挥发性风味物质固相微萃取 GC/MS 分析[J]. 农业机械学报,2008,39(11):64-69,75.
[37] 孙宝国,等. 食用调香术[M]. 北京:化学工业出版社,2010.

第3章　酸马奶发酵过程中菌群演替及多样性分析

3.1　引言

据文献报道，酸马奶对某些传染性疾病、消化系统疾病、心血管系统疾病有明显的辅助治疗作用。酸马奶的这些治疗作用与其化学成分、菌群结构等密切相关。在前一章中，我们对科尔沁地区酸马奶发酵过程中化学组成的动态变化进行了分析测定，发现发酵 84 h 时必需氨基酸、必需脂肪酸等营养物质含量最高。酸马奶的化学组成不仅取决于原料马乳的组成，与其微生物组成及含量也有密切关系。由于传统酸马奶在开放环境下自然发酵，因此其中蕴藏着丰富的微生物资源，而这些微生物在酸马奶的风味特点和营养保健功能方面发挥着重要作用。发酵 84 h 时的酸马奶样品菌群结构如何？在发酵过程中菌群结构是如何变化的？回答上述问题需采用一些分析鉴定方法来深入研究其微生物多样性。

大量的文献资料表明，传统酸马奶中优势微生物为乳酸菌和酵母菌，其中乳酸菌是酸马奶发酵过程中重要的细菌，在酸马奶风味、质地和酸度形成过程中起着重要的作用。因此，人们采用依赖培养的传统方法对酸马奶中乳酸菌多样性进行大量研究。该方法不仅费时费力，而且因为自然界中较多细菌仍处于无法培养状态，其结果也易与样品本身细菌多样性存在偏差，无法将整个体系中的菌群结构完全展现出来。随着高通量测序技术的产生和发展，一些学者开始采用此方法对传统酸马奶中微生物多样性进行研究：其木格苏都采用 PacBio

SMRT 技术对采集自内蒙古锡林郭勒盟 5 个牧民家庭的酸马奶样品的细菌多样性进行了研究，结果表明，酸马奶的核心细菌主要为变形菌门和厚壁菌门下的 *Lactobacillus helveticus*、*Lactobacillus kefiranofaciens*、*Lactobacillus gallinarum* 和 *Acetobacter pasteurianus*；布仁其其格采用 454 测序平台对同样采集自锡林郭勒盟的酸马奶样品进行细菌多样性分析，结果显示，*Lactobacillus* 和 *Lactococcus* 为其优势细菌属。由相关文献资料可知：(1) 不同地区酸马奶优势菌种不同，其菌群结构与多种影响因素有关；(2) 国内外对酸马奶中细菌多样性的研究，多采用依赖培养的传统方法，应用高通量测序技术进行酸马奶细菌多样性分析的较少，尤其是采用 Illumina MiSeq 测序技术的研究未见报道；(3) 对内蒙古自治区传统酸马奶的研究多集中于锡林郭勒盟，对于内蒙古科尔沁地区酸马奶菌群结构组成的研究未见报道；(4) 关于酸马奶发酵期间菌群动态演替、细菌组成与发酵产物之间的关联性知之甚少。

本章应用 Illumina MiSeq 测序技术测定科尔沁地区食疗用酸马奶发酵过程中原核微生物 16S rRNA V3 - V4 区序列，分析物种的相对丰度、物种分布、α 多样性和 β 多样性，更全面、客观、深入地了解酸马奶制作过程中细菌多样性和群落结构动态变化，同时结合前一章生理生化指标测定结果，深入分析酸马奶发酵过程中菌群结构变化与环境因子间相关性，从而为该产品的食品安全、风味改善、临床应用及标准化和工业化生产提供理论依据。

3.2 试验材料

3.2.1 发酵原料

鲜马乳、发酵剂均由内蒙古通辽市科尔沁区某医院提供。

3.2.2 主要试剂

本章主要试剂为相关试剂盒及无水乙醇等。

3.2.3 主要仪器

本章主要仪器为紫外分光光度计、生物分析仪、Illumina MiSeq Benchtop Sequencer、旋涡混合器、高速冷冻离心机、恒温水浴锅等。

3.3 试验方法

3.3.1 酸马奶的酿制

酸马奶酿制地点为内蒙古通辽市科尔沁区某医院,酿制过程参照医院传统做法。发酵剂为医院保存的酸马奶。在专用发酵容器中,将鲜马乳与上述发酵剂按 3∶1 的比例混合均匀,白天每隔 2 h 用专用布鲁日捣拌 30 min,每次捣拌结束均用干净纱布封住容器口。全程发酵品温为 24 ~ 26 ℃,总发酵时间为 96 h。

3.3.2 样品采集

酸马奶发酵过程中每 12 h 采集一次样品,装入样品瓶中封口,立即在液氮中冷却后带回试验室保存于 -80 ℃。为了确保试验的重复性,每个时间点采样 3 次,分别命名为取样时间点 -1、取样时间点 -2、取样时间点 -3,用于后续试验。

3.3.3 宏基因组 DNA 的提取

将各酸马奶样品在室温下充分融化,抽提宏基因组 DNA。

3.3.4 宏基因组 DNA 质量检测

对于抽提完的宏基因组 DNA,利用紫外分光光度计检测其质量(浓度≥

20 ng/μL,总量≥500 ng,OD_{260}/OD_{280} = 1.8 ~ 2.0),同时利用 1% 琼脂糖凝胶电泳检测其完整性。

3.3.5 目的区域检测扩增

以提取的基因组 DNA 为模板,使用 16S rRNA V3 - V4 区特异引物 341F (5′ - CCTACGGGNGGCWGCAG - 3′)和 805R(5′ - GACTACHVGGGTATCTAATCC - 3′),并采用高效和高保真酶进行 PCR 扩增,设置 3 个重复试验,同时以标准细菌基因组 DNA 混合物作为阳性对照。扩增条件为:

94 ℃ 2 min

94 ℃ 20 s
55 ℃ 30 s
72 ℃ 1 min
72 ℃ 10 min
} 25 个循环

4 ℃

3.3.6 PCR 产物的混样和纯化

PCR 产物进行 1% 琼脂糖凝胶电泳检测。将同一样本的 3 个平行扩增产物混合,每个样本加入等体积的 Agencourt AMPure XP 核酸纯化磁珠对产物进行纯化。

3.3.7 各样本添加特异性标签序列

利用带有 index 序列的引物,通过高保真 PCR 向文库末端引入特异性标签序列。此处采用 8 个循环数的 PCR 程序。扩增后产物进行 1% 琼脂糖凝胶电泳检测,应用核酸纯化磁珠对扩增产物进行纯化,即可得到各样本的原始文库。

3.3.8 文库进行定量及混合

根据琼脂糖凝胶电泳的初步定量结果,对带有各自 index 标签的样本文库浓度进行适当稀释，后利用 Qubit 对文库进行精确定量，根据不同样本的测序通量要求，按相应比例混合样品。

3.3.9　文库质量检测

混样后的文库检测插入片段的大小，确认在 120 ~ 200 bp 之间无非特异性扩增，并准确定量测文库浓度。

3.3.10　Illumina MiSeq 测序

采用 Illumina MiSeq 测序平台，2 × 250 bp 的双末端测序策略对文库进行测序，后续进行生物信息学分析。

3.3.11　高质量序列筛选

测序得到的原始数据（raw data），存在一定比例的干扰数据（dirty data），为了得到高质量的测序数据，以提高后续生物信息学分析准确性、可靠性，首先对原始数据进行拼接、过滤，得到质量和可信度较高的优化序列（clean read）。主要步骤如下：

a. 使用 Trim Galore 软件去除序列末端质量低于 20 bp 的序列，并去除可能包含的 adapter 序列，之后去除长度小于 100 bp 的短序列。

b. 使用 Flash2 软件将双末端测序得到的成对序列进行拼接，得到 merge 序列，进一步去除 merge 后低质量序列（超过 90% 的碱基质量低于 20 bp）。

c. 使用 Mothur 软件查找并去除序列中的引物，删除包含 N 碱基/homopolymer 超过 6 bp 的序列。

d. 使用 Usearch 去除总碱基错误率大于 2 的序列以及长度小于 100 bp 的序列，得到质量和可信度较高的优化序列，该数据将用于后续生物信息学分析。

3.3.12　生物信息学处理

对优化序列在 97% 水平上进行 OTU（operational taxonomic unit，OTU）聚类，

并利用 Mothur 软件将每条 OTU 代表序列与数据库进行比对,从而完成 OTU 的物种注释。通过对 OTU 进行相对丰度、α 多样性、β 多样性以及物种在各个分类水平上的群落结果统计分析,得到菌群结构组成,同时采用 R 语言 cor( )函数包计算物种与环境因子间 Spearman 相关系数。

3.4 结果与分析

3.4.1 序列丰度和多样性

3.4.1.1 序列长度分布

本书的 27 个样品共产生 3 022 842 条原始序列,经过质控和过滤共得到 2 459 036条高质量优化 16S rRNA 序列。各样品所产生的原始序列和优化序列数量见表 3-1。对所有样品优化序列的长度进行统计,结果表明,序列长度多集中于 426~428 bp,在此期间的序列有 2 129 263 条(如图 3-1)。

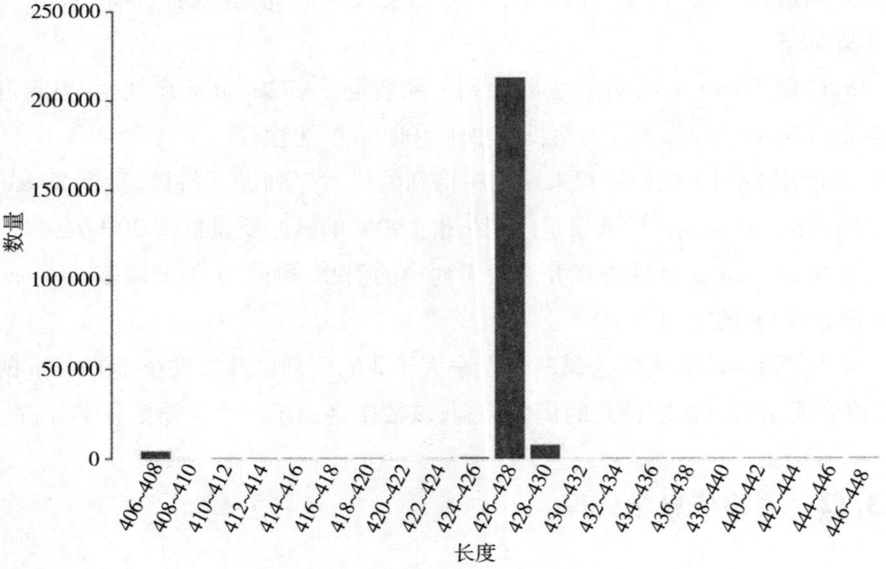

图 3-1 序列长度分布

3.4.1.2 OTU统计及物种注释分析

将所得序列以97%的相似度进行聚类,相似度大于97%的序列将聚为同一个OTU,同时使用denovo模式去除嵌合体序列,最终产生78个OTU。OTU聚类后的结果见表3-2。OTU聚类后将每条OTU代表序列与数据库进行比对从而完成OTU的分类学注释。使用Mothur软件找出与OTU序列相似度最高且可信度达80%以上的物种信息用于OTU注释,尽可能确定每个OTU的最低分类学地位,但结果表明,仍有5%~15%的序列不能鉴定至属水平,10%~20%的序列不能鉴定至种水平。27个酸马奶样品在各分类水平上的数量和OTU数量分别见表3-1和表3-2。

表3-1 各酸马奶样品16S rRNA测序情况及各分类水平上的数量

样品编号	原始序列数	优化序列数	OTU数	门	纲	目	科	属	种
0 h-1	114 597	105 354	42	4	7	11	19	31	42
0 h-2	93 316	85 655	40	4	7	10	18	30	40
0 h-3	113 429	104 687	42	4	6	11	18	29	42
12 h-1	114 553	90 460	30	4	6	9	14	24	30
12 h-2	107 615	82 863	41	4	6	9	17	29	41
12 h-3	113 894	91 113	43	4	6	11	20	30	43
24 h-1	119 417	96 721	29	4	6	10	14	23	29
24 h-2	119 947	97 100	32	4	5	7	14	23	32
24 h-3	112 834	90 787	35	5	7	10	15	25	35
36 h-1	109 986	88 068	34	5	7	10	15	24	34
36 h-2	99 916	79 819	31	4	5	8	14	24	31
36 h-3	115 283	89 808	28	4	5	8	13	22	28
48 h-1	112 277	89 184	29	4	6	9	13	23	29
48 h-2	111 582	90 463	38	5	6	11	17	28	38

续表

样品编号	原始序列数	优化序列数	OTU 数	门	纲	目	科	属	种
48 h - 3	116 114	92 328	31	4	5	9	13	23	31
60 h - 1	120 710	96 937	40	4	6	11	17	28	40
60 h - 2	119 699	95 246	40	4	5	10	18	28	40
60 h - 3	113 003	91 008	32	5	7	11	14	24	32
72 h - 1	108 883	88 229	34	4	5	8	14	23	34
72 h - 2	117 961	94 741	44	5	8	12	20	31	44
72 h - 3	106 252	84 294	39	4	6	10	16	27	39
84 h - 1	105 919	86 003	41	5	7	11	18	28	41
84 h - 2	116 579	94 311	40	5	8	12	20	29	40
84 h - 3	106 809	87 132	42	5	7	12	19	30	42
96 h - 1	123 166	98 990	37	5	7	11	15	26	37
96 h - 2	81 395	65 164	38	5	8	13	18	27	38
96 h - 3	127 706	102 571	40	5	8	14	17	27	40

表 3-2 各分类水平上的 OTU 数量统计表

样品编号	分类						
	界	门	纲	目	科	属	种
0 h - 1	42	42	42	42	42	37	25
0 h - 2	40	40	40	40	40	35	24
0 h - 3	42	42	42	42	42	37	25
12 h - 1	30	30	30	30	30	25	20
12 h - 2	41	41	41	41	41	36	28
12 h - 3	43	43	43	43	43	38	26

续表

样品编号	分类						
	界	门	纲	目	科	属	种
24 h - 1	29	29	29	29	29	24	18
24 h - 2	32	32	32	32	32	27	20
24 h - 3	35	34	34	34	34	29	23
36 h - 1	34	33	33	33	32	28	23
36 h - 2	31	31	31	31	31	26	19
36 h - 3	28	28	28	28	28	23	20
48 h - 1	29	29	29	29	28	24	17
48 h - 2	38	36	36	36	36	31	23
48 h - 3	31	31	31	31	31	26	21
60 h - 1	40	40	40	40	40	35	28
60 h - 2	40	40	40	40	40	35	26
60 h - 3	32	30	30	30	30	25	21
72 h - 1	34	34	34	34	34	29	24
72 h - 2	44	43	43	43	43	38	28
72 h - 3	39	39	39	39	39	34	26
84 h - 1	41	40	40	40	40	35	27
84 h - 2	40	39	39	39	39	34	26
84 h - 3	42	40	40	40	40	35	28
96 h - 1	37	35	35	35	35	30	28
96 h - 2	38	37	37	37	37	32	24
96 h - 3	40	39	39	39	39	34	26

3.4.2 α多样性分析

在高通量测序中，只有尽可能多地产出序列，才能尽可能多地捕获样品中微生物多样性信息。我们采用稀释性曲线和香农指数曲线，对产生的测序量是否符合后续生物信息学分析要求进行了评价，其结果如图3-2所示。由图可知，尽管样品的稀释性曲线未能进入平台期，但香农指数曲线已经饱和，说明尽管随着测序量的增加，新的OTU可能会产生，即新的种系型可能会被发现，但是样本微生物的多样性已经不再随之发生变化了，因而该测序数据量可以反映样本绝大多数的微生物信息，可满足后续分析的需要。

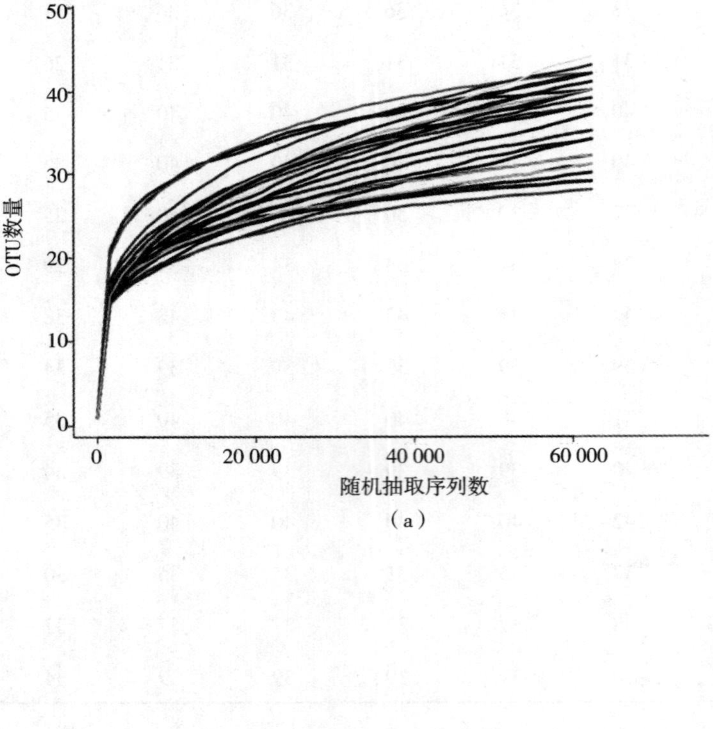

(a)

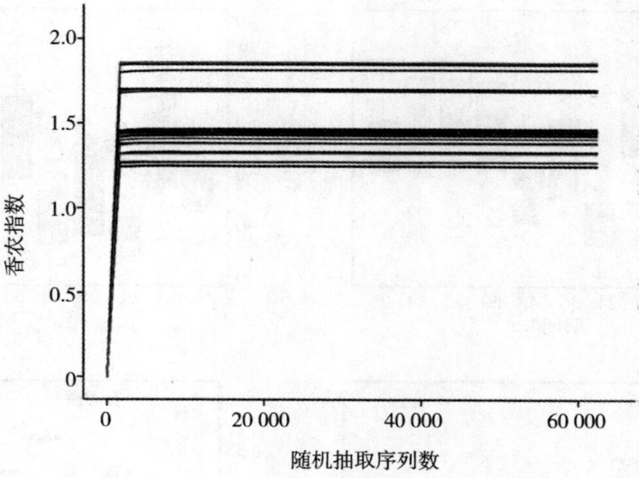

(b)

图3-2 样品稀释性曲线(a)和香农指数曲线(b)

在发酵食品微生物多样性分析中,常使用 Chao1、ACE 指数对样品中细菌的丰度进行评价,使用香农指数和辛普森指数对多样性进行评价。本书中酸马奶在发酵过程中 Chao1 指数、ACE 指数、香农指数和辛普森指数等 α 多样性指数动态变化情况见图3-3。由图可知,随着发酵的进行,酸马奶样品中细菌的丰度(Chao1 指数和 ACE 指数)虽上下起伏,但变化不显著。样品间细菌多样性存在极显著差异(香农指数和辛普森指数):发酵0 h 酸马奶样品的香农指数最高,说明该样品中菌群多样性最高,随着发酵的进行,多样性显著降低,36 h 时到达最低水平,之后多样性显著增加,72 h 后趋于稳定。详细数据见表3-3。酸马奶在发酵过程中细菌丰度无显著变化,而在多样性上变化显著,说明虽然酸马奶样品中一些细菌种类无显著变化,但其相对丰度可能存在较大的变化。为了对本结论进行验证,本书对不同时间点酸马奶样品中优势菌属和核心菌属的种类及含量进行了分析。

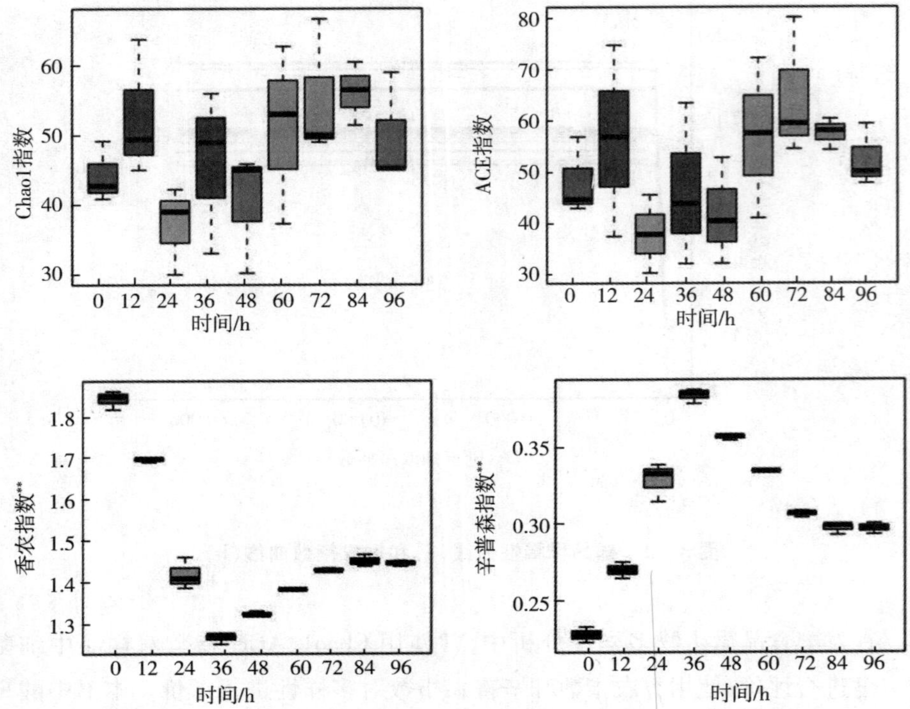

图 3-3 不同时间点酸马奶样品的 α 多样性指数比较

注:“ ** ”代表酸马奶样品间差异极显著($P<0.01$)。

表 3-3 各酸马奶样品 α 多样性指数统计表

样品编号	Observed species 指数	Chao1 指数	ACE 指数	香农指数	辛普森指数
0 h-1	42	49.20	57.00	1.85	0.23
0 h-2	40	40.86	42.98	1.82	0.23
0 h-3	42	42.75	44.74	1.86	0.22
12 h-1	30	45.00	37.45	1.70	0.26
12 h-2	41	63.75	74.92	1.70	0.27
12 h-3	43	49.43	56.96	1.69	0.28
24 h-1	29	30.00	30.37	1.41	0.33

续表

样品编号	Observed species 指数	Chao1 指数	ACE 指数	香农指数	辛普森指数
24 h - 2	32	39.00	37.85	1.46	0.31
24 h - 3	35	42.20	45.58	1.39	0.34
36 h - 1	34	56.00	63.59	1.25	0.39
36 h - 2	31	49.00	43.85	1.27	0.39
36 h - 3	28	33.00	32.18	1.27	0.38
48 h - 1	29	30.20	32.22	1.32	0.36
48 h - 2	38	45.86	52.88	1.33	0.35
48 h - 3	31	45.00	40.44	1.32	0.36
60 h - 1	40	62.75	72.39	1.38	0.34
60 h - 2	40	53.00	57.65	1.38	0.33
60 h - 3	32	37.25	41.00	1.38	0.33
72 h - 1	34	49.00	59.60	1.43	0.30
72 h - 2	44	66.67	80.33	1.43	0.31
72 h - 3	39	50.00	54.57	1.43	0.31
84 h - 1	41	60.50	60.48	1.45	0.30
84 h - 2	40	56.50	54.36	1.44	0.30
84 h - 3	42	51.43	58.18	1.47	0.29
96 h - 1	37	59.00	59.53	1.45	0.30
96 h - 2	38	45.20	47.85	1.45	0.29
96 h - 3	40	45.14	50.11	1.44	0.30

3.4.3 酸马奶发酵过程中菌群演替的规律

3.4.3.1 基于门水平的不同发酵时间点酸马奶细菌核心菌群的研究

经鉴定,本书的27个酸马奶样品,共鉴定出4个门,分别为厚壁菌门、变形菌门、放线菌门(Actinobacteria)和拟杆菌门,其中厚壁菌门和变形菌门的相对丰度高于其他两个门。具体分析结果如图3-4所示。由图可知,0 h酸马奶样品中相对丰度大于1%的细菌门分别为厚壁菌门(67.86%)、变形菌门(21.29%)、放线菌门(10.84%),随着发酵的进行,厚壁菌门相对丰度在0~36 h呈上升趋势,36 h时达最高值86.12%,之后其相对丰度又呈下降趋势,直至发酵结束;而变形菌门的相对丰度在12 h时增至最高值26.74%,之后呈下降趋势,36 h达最低值13.63%,而后又呈上升趋势,直至发酵结束;放线菌门相对丰度在0~12 h之间急剧下降至低于1%,直至发酵结束。虽然每个酸马奶样品中均检测到拟杆菌门,但其相对丰度始终低于0.02%。因此,该酸马奶样品中核心细菌门为厚壁菌门和变形菌门。

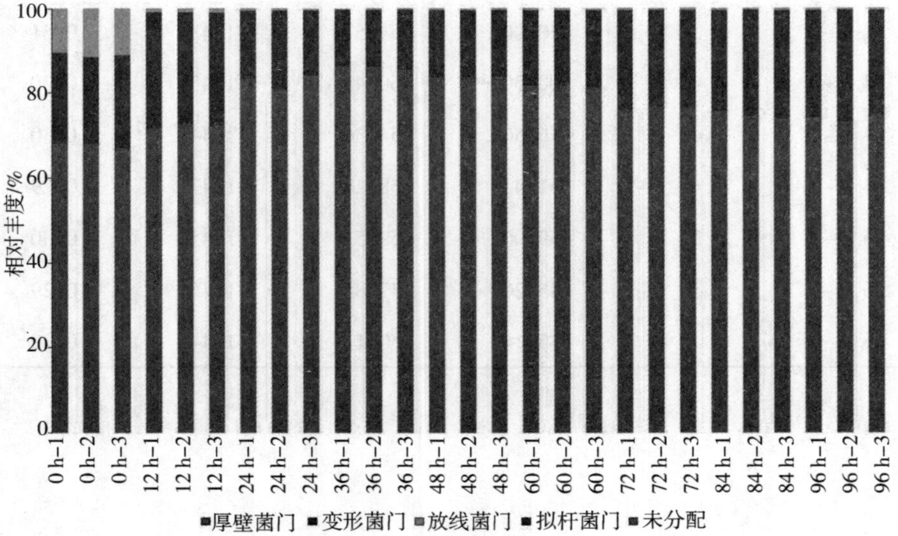

图3-4 基于门水平的细菌相对丰度柱形图

注:各门于此图中不能完全区别出,此图仅做示意,后同。

3.4.3.2　基于属水平的不同发酵时间点酸马奶细菌核心菌群的研究

经鉴定，本书的 27 个酸马奶样品，共鉴定出 45 个属，但每个属的相对丰度根据发酵时间点不同而有所差异。现将每个时间点样品中相对丰度大于 1% 的细菌属绘制成柱状图，结果如图 3 - 5 所示。由图可知，0 h 酸马奶样品中相对丰度大于 1% 的细菌属分别为 *Lactobacillus*（23.21%）、链球菌属（*Streptococcus*，38.81%）、罗氏菌属（*Rothia*，10.83%）、*Lactococcus*（3%）、明串珠菌属（*Leuconostoc*，2.25%）和水栖菌属（*Enhydrobacter*，1.81%）。随着发酵的开始，*Lactobacillus* 相对丰度在 0 ~ 36 h 呈上升趋势，36 h 时达最高值 54.76%，之后其相对丰度又呈下降趋势，72 h 后趋于恒定；*Streptococcus* 的相对丰度在 12 h 时增加至最高值 43.90%，之后呈下降趋势，36 h 达最低值 30.79%，36 ~ 60 h 又呈上升趋势，60 h 后其相对丰度又有所下降，直至发酵结束；随着发酵的开始，*Rothia*、*Lactococcus* 和 *Leuconostoc* 的相对丰度均呈下降趋势，且分别在 12 h、12 h 和 24 h 时下降至 1% 以下，直至发酵结束；*Enhydrobacter* 相对丰度在发酵开始后呈上升趋势，且在 12 h 时达最高值 3.18%，之后其相对丰度下降且在 36 h 时已达 1% 以下，直至发酵结束。此外，虽然醋杆菌属（*Acetobacter*）相对丰度在 0 h 时是 1% 以下，但发酵开始后，其相对丰度呈逐渐上升趋势，直至发酵结束，即 96 h 时达最高值 16.57%。因此，该酸马奶样品中核心细菌属为 *Lactobacillus*、*Streptococcus* 和 *Acetobacter*，三者累积相对丰度可达 90% 以上。值得注意的是，0 h 的酸马奶样品中发现了 *Escherichia/Shigella*（大肠杆菌属/志贺菌属）、*Staphylococcus aureus*（金黄色葡萄球菌）等致病菌的存在，但其相对丰度仅有 0.07%，且随着发酵的进行，其相对丰度逐渐下降至 0.01% 以下。

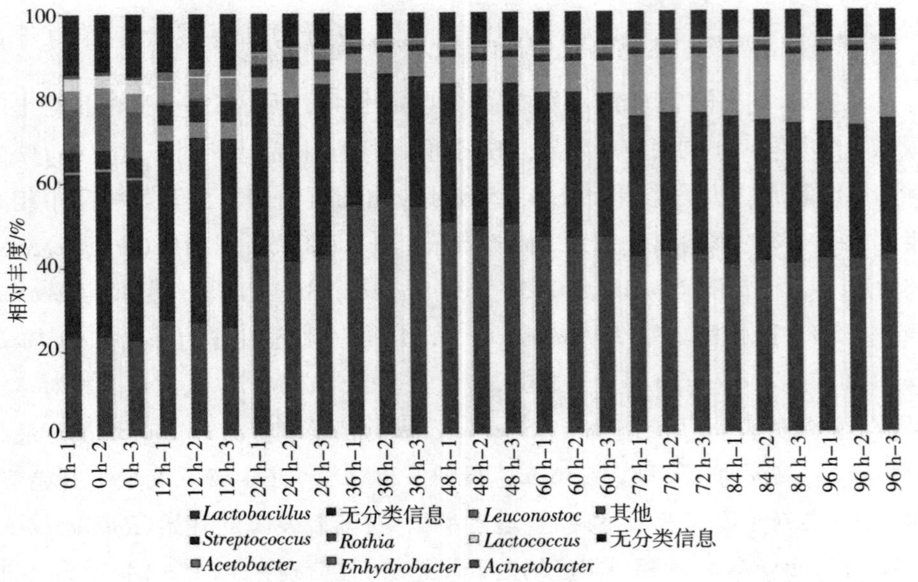

图 3－5 基于属水平的细菌相对丰度柱形图

3.4.3.3 基于种水平的不同发酵时间点酸马奶细菌核心菌群的研究

将 45 个属进一步鉴定至种水平后将相对丰度大于 1% 的细菌种绘制成柱状图，结果如图 3－6 所示。由图可知，除了无法鉴定至种水平的细菌以外，不同发酵时间点酸马奶样品共同的核心细菌种为 *Lactobacillus helveticus*、*Streptococcus parauberis*（副乳房链球菌）和 *Acetobacter pasteurianus*，三者累积相对丰度可达 90% 以上。其中 *Lactobacillus helveticus* 相对丰度在 0～36 h 时呈上升趋势，36 h 时达最高值 53.18%，之后其相对丰度小幅下降，72 h 后趋于恒定。本书，除 *Lactobacillus helveticus* 以外，还鉴定出 *Lactobacillus kefiri*、*Lactobacillus acetotolerans*、*Lactobacillus brevis*、*Lactobacillus casei*、*Lactobacillus plantarum WCFS*1 等益生菌的存在，但相对丰度均较低。*Streptococcus parauberis* 相对丰度在 0～36 h 时由 38.46% 下降至 30.78%，36～48 h 之间相对丰度有小幅回升，后趋于恒定。*Acetobacter pasteurianus* 相对丰度在发酵全程呈逐渐上升趋势，96 h 时达最高值 16.57%。

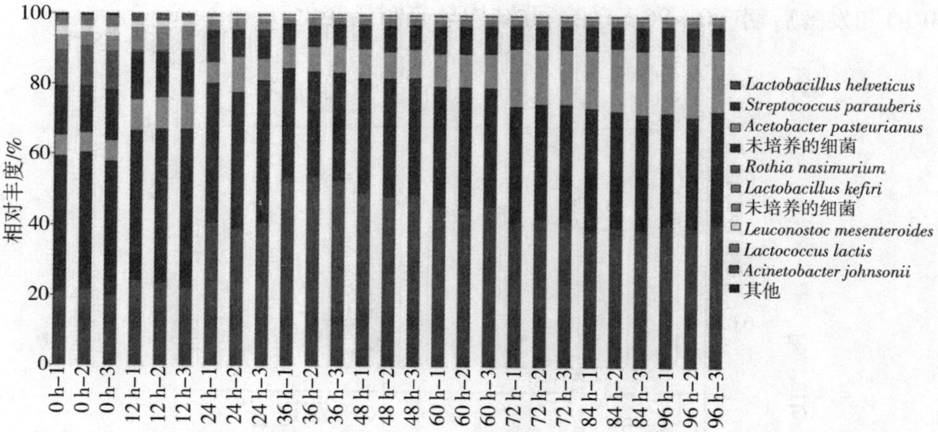

图 3－6　基于种水平的不同发酵时间点酸马奶样品细菌含量变化

3.4.4　β 多样性分析

各样品菌群组成的可视化分析虽然可以直观地看出物种在各样品的相对丰度差异以及整体上的相对丰度变化趋势，但无法得到各组间相似性和差异性。为了解决该问题，本书通过使用加权的 UniFrac 主坐标分析（PCoA 分析），对不同发酵时间点的酸马奶样品的菌群构成进行了比较，结果如图3－7 所示。由图可知，本次 PCoA 分析中第一主成分和第二主成分的贡献率分别为76.68% 和 18.17%。发酵 84 h 和 96 h 的酸马奶样品间有部分交叠，其他时间点样品间无交叠现象，均区分良好。同时 0 h 和 12 h 的酸马奶样品呈现一定的聚类趋势，且与其他时间点样品距离甚远，表明其菌群结构与其他时间点样品具有显著差异。除此之外，24 h、36 h、48 h 和60 h 的酸马奶样品具有一定的聚类趋势，72 h、84 h 和 96 h 酸马奶样品菌群结构呈现相似性。据此，可以将本次发酵分为三个时期：（1）发酵初期，0 ~ 12 h；（2）发酵中期，12 ~ 60 h；（3）发酵后期，60 ~ 96 h。

为进一步验证该结果，本书计算样本间的 Bray－Cruits 非相似性矩阵，然后对各样本进行 UPGMA，绘制了样本聚类树图（如图 3－8）。由图可知，本次聚类分析结果与 PCoA 分析结果一致。以上分析结果表明，本书中的酸马奶样品在发酵的不同时间点有其独有的 OTU，且发酵初期（0 ~ 12 h）、发酵中期（12 ~

60 h）和发酵后期（60～96 h）的菌群结构具有明显变化。

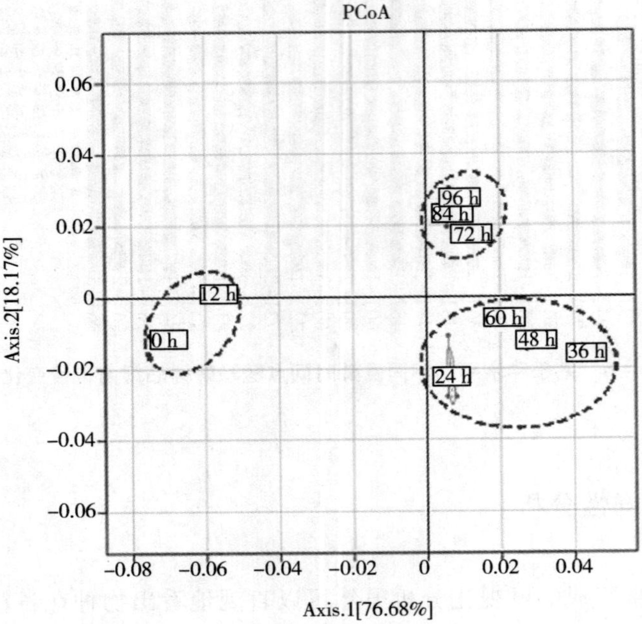

图 3－7　不同发酵时间点酸马奶菌群结构的加权 UniFrac PCoA 分析

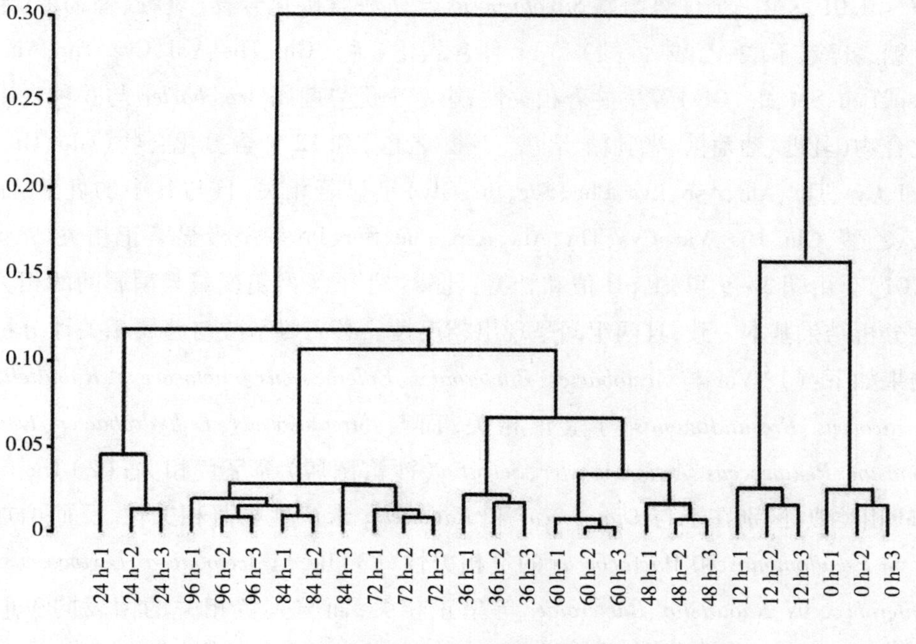

图 3－8　不同发酵时间点酸马奶的菌群结构聚类树图

3.4.5　相关性分析

本书采用 R 语言 cor( ) 函数包计算酸马奶发酵过程中菌群结构（属水平）与 pH 值、乳糖、葡萄糖、半乳糖、乳酸、丁酸、乙酸、丙酸和 14 种氨基酸之间的 Spearman 相关系数 *r*。现将细菌与 pH 值、含碳化合物、含氮化合物之间的相关性分别采用 Rose Picture 和 Heatmap 进行直观描述。pH 值的变化与 *Streptococcus*、*Enhydrobacter*、*Leuconostoc*、*Pediococcus*（片球菌属）、*Ralstonia*、*Acetobacter*、*Bacteroides*（拟杆菌属）、*Paracoccus* 等菌属呈现出极显著相关（$P < 0.01$），且与前 5 个菌属呈正相关，而与后 3 个菌属呈负相关；其次，pH 值与 *Weissella*、*Pseudomonas*（假单胞菌属）、*Haemophilus*（嗜血杆菌属）、*Brevundimonas* 等菌属呈现显著相关（$P < 0.05$），且与前三者呈正相关，而与 *Brevundimonas* 呈负相关。

由图 3－9 可知，酸马奶发酵过程中优势菌属之一的 *Lactobacillus* 与 Tyr 和 Gly 分别呈显著正相关和显著负相关（$P < 0.05$），而与半乳糖极显著负相关

($P<0.01$);第二个优势菌属 *Streptococcus* 与7种含碳化合物(乳糖、葡萄糖、半乳糖、乳酸、丁酸、乙酸、丙酸)和11种含氮化合物(Glu、His、Val、Cys、Thr、Ala、Asp、Leu、Ser、Ile、Gly)等呈显著相关性;第三个优势菌属 *Acetobacter* 与6种含碳化合物(乳糖、葡萄糖、半乳糖、乳酸、丁酸、乙酸)和12种含氮化合物(Glu、His、Val、Cys、Thr、Ala、Asp、Lys、Phe、Ser、Ile、Gly)呈显著相关,且与其中的乳酸、丁酸、乙酸、Glu、His、Val、Cys、Thr、Ala、Asp、Phe、Ser、Ile 等呈极显著正相关($P<0.01$)。由图3-9可知,pH值和乳糖、乳酸和丁酸等两组变量与菌属间的相关性分析结果基本一致,且两组间呈现出相反性。必需氨基酸与菌属相关性分析结果如下:(1)Val 与 *Acetobacter*、*Bacteroides*、*Enterococcus*、*Lactococcus*、*Raoultella Paracoccus*、*Brevundimonas* 等呈正相关,而与 *Streptococcus*、*Enhydrobacter*、*Leuconostoc*、*Pediococcus*、*Actinetobacter*、*Serratia*(沙雷菌属)等呈负相关;(2)Thr 与 Val 相类似,区别在于与 *Lactococcus* 和 *Raoultella* 未产生显著相关性,反而增加了与 *Pseudomonas* 和 *Macrococcus* 的负相关性;(3)Ile 与 *Acetobacter*、*Lactococcus*、*Enterobcoccus*、*Raoultella*、*Bacteroides* 等呈正相关,而与其负相关的菌属同 Val;(4)Phe 与 Ile 类似,只是增加了与 *Paracoccus* 的正相关性,减少了与 *Streptococcus*、*Enhydrobacter*、*Serratia* 等的负相关性;(5)Lys 仅与 *Acetobacter* 呈正相关,而与 *Bacteroides* 呈负相关;(6)Lue 与 *Streptococcus*、*Enhydrobacter*、*Pediococcus* 呈正相关,仅与 *Bacteroides* 呈负相关。

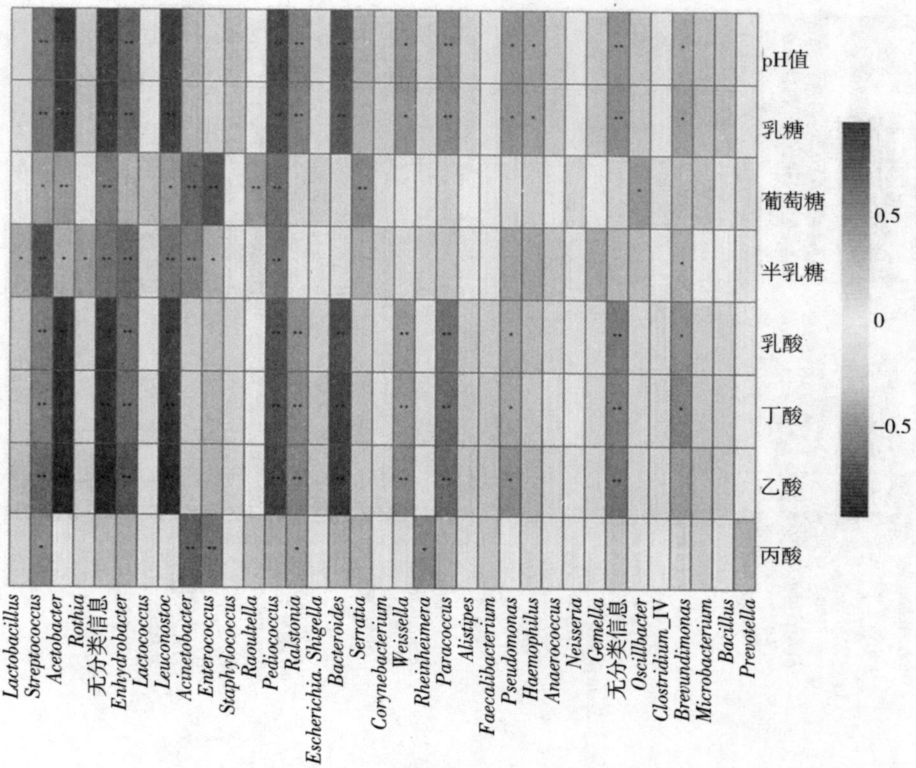
pH值
乳糖
葡萄糖
半乳糖
乳酸
丁酸
乙酸
丙酸
0.5
0
−0.5
Lactobacillus
Streptococcus
Acetobacter
Rothia
无分类信息
Enhydrobacter
Lactococcus
Leuconostoc
Acinetobacter
Enterococcus
Staphylococcus
Raoultella
Pediococcus
Ralstonia
Escherichia. Shigella
Bacteroides
Serratia
Corynebacterium
Weissella
Rheinheimera
Paracoccus
Alistipes
Faecalibacterium
Pseudomonas
Haemophilus
Anaerococcus
Neisseria
Gemella
无分类信息
Oscillibacter
Clostridium_IV
Brevundimonas
Microbacterium
Bacillus
Prevotella

（a）

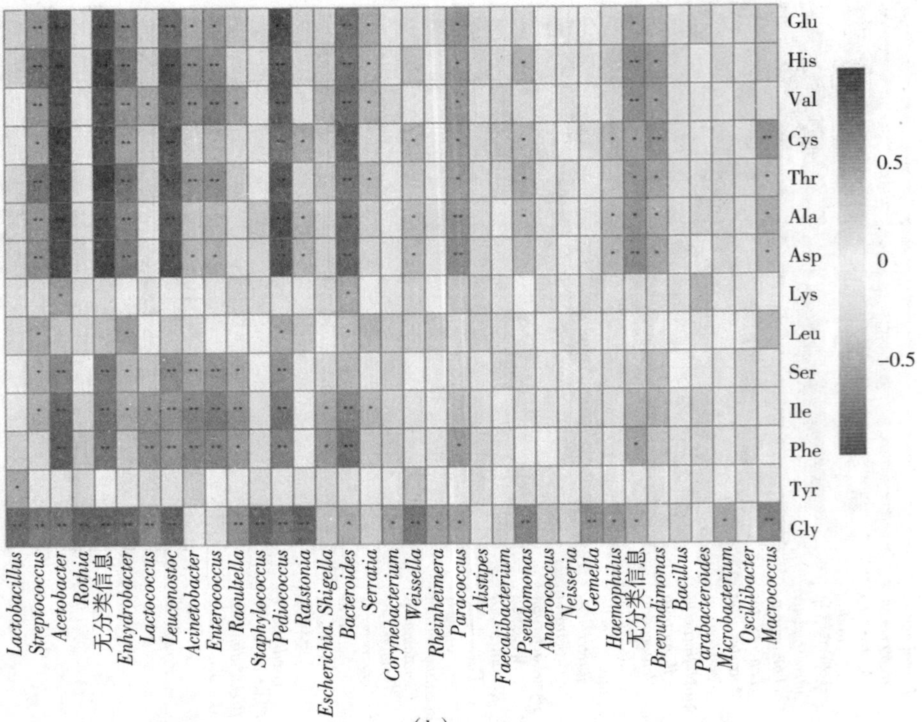

(b)

图 3－9 Spearman 相关系数分析热图

注:(a)为菌属与含碳化合物的相关系数,(b)为菌属与含氮化合物的相关系数

3.5 讨论

在食品发酵过程中细菌发挥着至关重要的作用,且其组成及变化会直接影响发酵食品的营养成分组成及风味特性等,因此发酵食品中细菌多样性相关研究已成为热点。近年来,高通量测序技术的产生与发展在发酵食品细菌多样性研究方面起到了促进作用。尤其是以 Illumina MiSeq 为代表的第二代测序技术,在测序速度、通量、可信度、准确性方面均优于传统分离鉴定方法或 polymerase chain reaction－denaturing gradient gel electrophoresis(PCR－DGGE)技术,因此广泛应用于研究多种发酵食品中菌群组成及多样性。该方法不仅用于某特定环境或某种样品中细菌组成和多样性研究,还用于不同发酵食品在其发酵过

程中菌群结构多样性的动态变化研究。本章中，我们利用 Illumina MiSeq 测序技术对科尔沁地区酸马奶发酵过程中的菌群结构进行全面系统的研究，揭示不同发酵时期菌群结构的真实状态，挖掘丰富的微生物资源并确定优势菌群，同时结合前一章中生理生化指标的测定结果，分析确定细菌类群和代谢物之间的相关性，为深入了解酸马奶发酵过程及实现传统酸马奶的现代化、规模化、安全化和优良化生产提供有价值的理论信息。

3.5.1 α 多样性分析

细菌多样性分析结果显示，该酸马奶在发酵过程中各时间点细菌的丰度（Chao1 指数和 ACE 指数）虽有一定的上下波动，但统计学分析结果显示差异不显著，而细菌多样性（香农指数和辛普森指数）存在显著变化。物种丰度是指一个群落或生境中物种数目的多少，而物种多样性是物种丰度和物种均匀度的综合指标，在物种丰度相同的情况下，不同物种的个体分布越均匀，物种多样性越高。因此本书结果表明，酸马奶在发酵过程中细菌种类无显著变化，但其相对丰度存在较大变化，且细菌多样性呈先下降后上升的趋势，该结果与布仁其其格等人的研究结果一致，且在很多食品发酵过程中也出现此现象。发酵 0 h 时的酸马奶呈现出最高的细菌多样性，是由于此时的样品为鲜马乳和发酵剂的组合，其中既包含了发酵剂中的细菌，也来源于鲜马乳的细菌。随着发酵的开始，富足的营养条件促使细菌迅速繁殖，伴随着乳酸等产物的不断积累，环境酸度越来越高，限制了部分耐酸性差的细菌的继续繁殖，从而细菌多样性开始下降，36 h 时达最低值。随后细菌多样性又有所回升，可能是由于耐酸菌大量繁殖从而细菌相对丰度再次上升，最终导致细菌多样性的增加。

3.5.2 菌群结构分析

大量的文献资料显示，传统酸马奶中优势微生物为乳酸菌和酵母菌，其中乳酸菌是酸马奶发酵过程中重要的菌群，在酸马奶风味、质地和酸度形成过程中起着重要的作用。明确发酵体系中菌群结构的变化，是探究酸马奶酿造机理的基础。

通过 Illumina MiSeq 测序技术分析酸马奶发酵过程中菌群的演替规律及乳酸菌在菌群中的分布情况，不但有助于理解乳酸菌在酸马奶发酵过程中的地位，而且有利于分析细菌和酸马奶化学组成之间的相互影响。由 PCoA 分析结果可看出，在酸马奶发酵过程中，菌群结构并不是一成不变的，而是一个不断变化的动态过程。高通量测序结果显示，酸马奶发酵过程中细菌主要属于厚壁菌门和变形菌门，二者在整个发酵过程中相对丰度累积高达 89.15% ~99.75%，此结果与其木格苏都、布仁其其格等人的研究结果一致。在发酵 0 h 的酸马奶样品中放线菌门的相对丰度高达 10.84%，但发酵初期其相对丰度急剧下降至 1% 以下，证明其对酸度的耐受度较弱。

在酸马奶发酵过程中，共注释到 45 个属、78 个种，其中 5% ~15% 的序列不能鉴定至属水平，10% ~20% 的序列不能鉴定至种水平。在这些已明确种属的细菌中，核心菌种为 *Lactobacillus helveticus*、*Streptococcus parauberis* 和 *Acetobacter pasteurianus*，三者累积相对丰度可达 90% 以上。其中 *Lactobacillus helveticus* 的相对丰度在发酵中后期均高于其他细菌，是酸马奶中的优势菌种。该结果与其木格苏都、金山、孙天松等人的研究结果一致。

Lactobacillus helveticus 不仅具有益生菌特性，因其自身缺乏 16 种氨基酸，所以是乳酸菌中营养高度缺陷的菌种之一。正因如此，其自身有一套复杂的蛋白水解系统，可以在发酵过程中，将鲜乳中的酪蛋白水解为多肽，并进一步降解为氨基酸供自身生长利用，还会产生具有特殊功能的多肽，例如抗高血压和具有免疫调节能力的多肽等。1996 年，Takano 等人研究发现，*Lactobacillus helveticus* 发酵乳有抗高血压活性。进一步的研究表明，*Lactobacillus helveticus* 水解牛乳产生的多肽 Ile - Pro - Pro(IPP) 和 Val - Pro - Pro(VPP) 具有抑制血管紧张素转化酶活性。目前为止，这两种多肽是研究最为广泛的抗高血压多肽，并被证明在人体和大鼠体内都有功效。*Lactobacillus helveticus* 发酵乳具有抗细菌感染等免疫调节功能，一般而言，这些免疫调节功能被认为来自菌株自身，但是也有研究表明，*Lactobacillus helveticus* 发酵乳的无细胞组分也能对宿主进行免疫调节。拥有以上功能特性的 *Lactobacillus helveticus* 作为本书中的优势菌，可以赋予该酸马奶样品一定的保健及食疗功能。

Streptococcus parauberis 是属于 *Streptococcus* 的一种化脓性球菌，与奶牛乳腺炎、养殖鱼类的传染病有关。随着分子技术的不断发展，很多食品中均发现该

菌的存在。刘红新等人在内蒙古锡林郭勒地区的酸马奶样品中均发现有 *Streptococcus parauberis* 的存在。其木格苏都等人通过高通量测序技术测定了内蒙古锡林郭勒地区 5 个不同采样点酸马奶样品中的菌群结构，结果表明，B、D 两个采样点中均发现了不同程度的 *Streptococcus parauberis* 的存在，且其中 B 地区 *Streptococcus parauberis* 相对丰度较高，与本书的结果较为相近。结合笔者对酸马奶菌群结构研究的结果，推测 *Streptococcus parauberis* 主要的来源为鲜马乳。虽然 *Streptococcus parauberis* 不是人类病原菌，但它的存在可能会导致食品的腐败。为了排除此顾虑，建议在酸马奶发酵前进行灭菌操作。

Acetobacter pasteurianus 是白酒、食醋、果醋等发酵过程中的重要微生物，在酸马奶中也发现有它的存在。本书中，随着发酵时间的延长，*Acetobacter pasteurianu* 的相对丰度呈不断增长趋势，此结果源于其耐酸性强的特性。近年来，随着细菌纤维素成为国内外生物材料研究的热点，拥有产纤维素能力的 *Acetobacter pasteurianus* 受到了普遍关注。因此，笔者认为本书中发酵 84 h 或 96 h 时的酸马奶样品，因 *Acetobacter pasteurianus* 相对丰度达 15% 以上，可以作为筛选产纤维素 *Acetobacter pasteurianus* 的优良资源。

值得注意的是，0 h 酸马奶样品中发现了 *Escherichia/Shigella*、*Staphylococcus aureus* 等致病菌。对该发酵乳菌群结构研究的结果表明，该致病菌来源于鲜马乳。因挤乳、收集马乳和酿造均在开放环境下进行，无法保证环境无菌，所以难免混入环境中的微生物，包括有害菌。虽然本书中其相对丰度仅有 0.07%，并且随着发酵的进行，相对丰度下降至 0.01% 以下，但为了消除此安全隐患，酸马奶酿造者，尤其是用酸马奶进行食疗的医疗机构，需要制定乳源致病菌监控制度，同时要加强酿造过程中的卫生管理工作，采购和安装对鲜马乳进行灭菌处理的相关设备。

3.5.3　菌属与代谢物相关性分析

代谢物在促进发酵食品独特风味方面发挥着重要作用，例如糖类与甜度有关，乙酸和乳酸与酸度有关，而氨基酸突显鲜味，且部分氨基酸参与醇、醛、酸、酯类香味成分的形成。发酵食品中代谢物的含量和组成与其菌群结构有着密切联系。

酸马奶发酵过程中，pH 值和乳糖分别由起始的 6.13 ±0.006 和(7.143 ±0.213)g/100 g 显著减少至 90 h 的 3.58 ±0.006100 和(0.013 ±0.000)g/100 g，而乳酸和丁酸分别由(0.278 ±0.028)g/100 g 和(0.023 ±0.001)g/100 g 显著增加至(1.660 ±0.034)g/100 g 和(1.025 ±0.026)g/100 g。由相关性分析可知，pH 值和乳糖均与 *Streptococcus*、*Enhydrobacter*、*Leuconostoc*、*Pediococcus*、*Ralstonia*、*Weissella*、*Pseudomonas*、*Haemophilus* 等菌属呈正相关，即随着乳糖含量的降低，pH 值降低，上述菌属相对丰度也降低；而 *Acetobacter*、*Bacteroides*、*Paracoccus*、*Brevundimonas* 等菌属与 pH 值和乳糖均呈负相关，即说明随着乳糖含量和 pH 值的降低，这 4 种菌属相对丰度增加。值得注意的是，与乳酸、丁酸呈显著相关的菌群与上述菌群(除 *Haemophilus* 以外)基本一致，但正负相关性恰恰相反，即乳酸、丁酸的变化与 *Streptococcus*、*Enhydrobacter*、*Leuconostoc*、*Pediococcus*、*Ralstonia*、*Weissella*、*Pseudomonas* 等菌属呈负相关，而与 *Acetobacter*、*Bacteroides*、*Paracoccus*、*Brevundimonas* 等呈正相关。由上述结论可推测，酸马奶发酵过程中可耐受高酸度的 *Acetobacter*、*Bacteroides*、*Paracoccus*、*Brevundimonas* 等菌属以乳糖作为主要碳源生长繁殖，同时，代谢产生乳酸、丁酸、乙酸(除 *Brevundimonas*)等有机酸，并且利用乳中蛋白质代谢产生 Glu(除 *Brevundimonas*)、His、Cys、Ala、Asp、Val、Ser(除 *Bacteroides*、*Paracoccus*、*Brevundimonas*)等非必需氨基酸和 Thr、Lys(除 *Paracoccus*、*Brevundimonas*)、Ile(*Paracoccus*、*Brevundimonas*)、Phe(除 *Brevundimonas*)等必需氨基酸，不仅导致环境 pH 值的降低，还抑制了不耐受低 pH 值的 *Streptococcus*、*Enhydrobacter*、*Leuconostoc*、*Pediococcus*、*Ralstonia*、*Weissella*、*Pseudomonas* 等菌属的生长繁殖。另外，pH 值不仅与诸多重要菌属显著相关，也与很多重要代谢物有关联，因此 pH 值可作为酸马奶发酵过程中的质量指标。

3.6 小结

在发酵各时间点酸马奶的细菌丰度无显著改变，但细菌多样性存在显著变化，且变化规律为：发酵 0 h 时的酸马奶呈现出最高的细菌多样性，随着发酵的进行，环境酸度越来越高，限制了部分耐酸性差细菌的继续繁殖，从而细菌多样性下降，在 36 h 达最低值，随后又有所回升。

在酸马奶发酵过程中，共注释到 5 个门、45 个属、78 个种。在门分类水平上，酸马奶以厚壁菌门和变形菌门为主，二者在整个发酵过程中相对丰度累积达 89.15%~99.75%，而放线菌门由发酵 0 h 时的 10.84% 急剧下降至 1% 以下，证明其对酸度的耐受较差。在属和种分类水平上，5%~15% 的序列不能鉴定至属水平，10%~20% 的序列不能鉴定至种水平，而已明确种属的细菌以 *Lactobacillus helveticus*、*Streptococcus parauberis* 和 *Acetobacter pasteurianus* 为优势菌种，三者累积相对丰度可达 90% 以上，其中 *Lactobacillus helveticus* 的相对丰度在发酵中后期均高于其他细菌，是酸马奶中的核心菌种。由代谢物关联性分析可推测，酸马奶发酵过程中可耐受高酸度的 *Acetobacter*、*Bacteroides*、*Paracoccus*、*Brevundimonas* 等菌属以乳糖作为主要碳源生长繁殖，同时，代谢产生乳酸、丁酸、乙酸（除 *Brevundimonas*）等有机酸，并且利用乳中蛋白质代谢产生非必需氨基酸和必需氨基酸，不仅导致环境 pH 值的降低，还抑制了部分不耐受低 pH 值的菌属的生长繁殖。此外，在 0 h 酸马奶样品中发现的 *Escherichia/Shigella*、*Staphylococcus aureus* 等致病菌主要来源于鲜马乳，可能由自于挤乳、收集马乳和酿造时的开放环境条件。总之，经菌群结构鉴定，发酵 36 h 时酸马奶中核心菌种 *Lactobacillus helveticus* 相对丰度最高，而经第 2 章分析发现 84 h 时酸马奶样品中必需氨基酸、不饱和脂肪酸等营养物质含量最高，因此可选这两个时间点的样品进行后续试验。

参考文献

[1] 鄂兰秀，额尔德木图，程立新.《饮膳正要》蒙医学理念探析[J]. 内蒙古医学院学报，2012，34(4):331 – 336.

[2] 哈斯苏荣，阿木古楞，芒来. 酸马奶及其医学价值[J]. 中国中药杂志，2003，28(1):11 – 15.

[3] 斯琴格日勒. 蒙医酸马奶疗法辅助治疗作用体会[J]. 中国民族医药杂志，2012，18(2):21.

[4] 徐少泽. 马奶、酸马奶的食疗和医用价值[J]. 中国民族医药杂志，2012，18(2):21 – 22.

[5] Hao Y，Zhao L，Zhang H，et al. Identification of the bacterial biodiversity in koumiss by denaturing gradient gel electrophoresis and species – specific polymerase

chain reaction[J]. Journal of Dairy Science,2010,93(5):1926 – 1933.

[6] Ogier J C,Lafarge V,Girard V,et al. Molecular fingerprinting of dairy microbial ecosystems by use of temporal temperature and denaturing gradient gel electrophoresis[J]. Applied and Environmental Microbiology,2004,70:5628 – 5643.

[7] Park E J,Chun J,Cha C J,et al. Bacterial community analysis during fermentation of ten representative kinds of kimchi with barcoded pyrosequencing[J]. Food Microbiology,2012,30:197 – 204.

[8] Jung J Y,Lee S H,Jeon C O. Microbial community dynamics during fermentation of doenjang – meju,traditional Korean fermented soybean[J]. International Journal of Food Microbiology,2014,185:112 – 120.

[9] Bokulich N A,Thorngate J H,Richardson P M. Microbial biogeography of wine grapes is conditioned by cultivar,vintage,and climate[J]. Proceedings of the National Academy of Sciences of the United States of America, 2014, 111: 139 – 148.

[10] 海娜. 白酒发酵过程中原核微生物群落分析[D]. 呼和浩特:内蒙古大学,2013.

[11] Michel E,Monfort C,Deffrasnes M,et al. Characterization of relative abundance of lactic acid bacteria species in French organic sourdough by cultural,qPCR and MiSeq high – throughput sequencing methods[J]. International Journal of Food Microbiology,2016,239:35 – 43.

[12] 邢敏钰,杜海,徐岩. 芝麻香型白酒发酵过程中乳酸菌多样性及其演替规律[J]. 微生物学通报,2018,45(1):19 – 28.

[13] 余丹,毛娉,宋顽,等. 基于高通量测序的传统甜面酱自然发酵过程中的微生物群落结构及其动态演替[J]. 微生物学通报,2018,45(5):1061 – 1072.

[14] 李春生,王悦齐,李来好,等. 传统鱼露发酵过程中细菌群落演替及对其挥发性风味形成的影响分析[J]. 食品科学,2018(5):85 – 92.

[15] Lee S H,Jung J Y,Jeon C O. Microbial successions and metabolite changes during fermentation of salted shrimp (saeu – jeot) with different salt concentrations[J]. PLoS ONE,2014,9(2):1 – 12.

[16] de Pasquale I,di Cagno R,Buchin S,et al. Microbial ecology dynamics reveal a

succession in the core microbiota involved in the ripening of pasta filata Caciocavallo Pugliese cheese[J]. Applied and Environmental Microbiology,2014,80(19):6243-6255.

[17]布仁其其格.酸马奶传统发酵过程的宏转录组学分析及细菌群落结构动态变化研究[D].呼和浩特:内蒙古农业大学,2014.

[18]Sang H J,Ji Y J,Se H L,et al. Microbial succession and metabolite changes during fermentation of dongchimi,traditional Korean watery kimchi[J]. International Journal of Food Microbiology,2013,164:46-53.

[19]董丹.郫县豆瓣发酵过程中细菌多样性及动态演化研究[D].成都:西华大学,2016.

[20]Gesudu Q,ZHENG YI,XI XIAOXIA,et al. Investigating bacterial population structure and dynamic in traditional koumiss from Inner Mongolia using single molecule real - time sequencing[J]. Journal of Dairy Science,2016,99:7852-7863.

[21]An Y,Adachi Y,Ogawa Y. Classification of lactic acid bacteria isolated from chigee and mare milk collected in Inner Mongolia[J]. Animal Science Journal,2004,75:245-252.

[22]金山,白雅莉,赵洪鑫,等.酸马奶分离到的乳酸菌分子鉴定[J].食品研究与开发,2012,33(1):164-167.

[23]Taverniti V,Guglielmetti S. Health - Promoting Properties of *Lactobacillus helveticus*[J]. Frontiers in Microbiology,2012,3:1-13.

[24]Masafumi M,Naoyuki Y,Toshiaki T,et al. Identification of an antihypertensive peptide from casein hydrolysate produced by a proteinase from *Lactobacillus helveticus* CP790[J]. Journal of Dairy Science,1996,79(8):1316-1321.

[25]CHEN YONGFU,LIU WENJUN,XUE JIANGANG,et al. Angiotensin - converting enzyme inhibitory activity of *Lactobacillus helveticus* strains from traditional fermented dairy foods and antihypertensive effect of fermented milk of strain H9[J]. Journal of Dairy Science,2014,97:6680-6692.

[26]Bentley R W,Leigh J A,Collins M D. Development and use of species - specific oligonucleotide probes for differentiation of *Streptococcus uberis* and

Streptococcus parauberis [J]. Journal of Clinical Microbiology, 1993, 31: 57 - 60.

[27] McDonald W L, Fry B N, Deighton M A. Identification of *Streptococcus* spp. causing bovine mastitis by PCR - RFLP of 16S - 23S ribosomal DNA[J]. Veterinary Microbiology, 2005, 111: 241 - 246.

[28] Nho S W, Shin G W, Park S B, et al. Phenotypic characteristics of *Streptococcus iniae* and *Streptococcus parauberis* isolated from olive flounder (*Paralichthys olivaceus*) [J]. FEMS Microbiology Letters, 2009, 293: 20 - 27.

[29] Domenech A, Fernandez J G F, Pascual C, et al. Streptococcosis in cultured turbot, *Scophthalmus maximus* (L), associated with *Streptococcus parauberis* [J]. Journal of Fish Diseases, 1996, 19: 33 - 38.

[30] Koort J, Coenye T, Vandamme P, et al. *Streptococcus parauberis* associated with modified atmosphere packaged broiler meat products and air samples from a poultry meat processing plant[J]. International Journal of Food Microbiology, 2006, 106: 318 - 323.

[31] Fernández - No I C, Böhme K, Calo - Mata P, et al. Isolation and characterization of *Streptococcus parauberis* from vacuum - packaging refrigerated seafood products[J]. Food Microbiology, 2012, 30: 91 - 97.

[32] Najjari A, Ouzari H, Boudabous A, et al. Method for reliable isolation of *Lactobacillus sakei* strains originating from Tunisian seafood and meat products[J]. International Journal of Food Microbiology, 2008, 121: 342 - 351.

[33] 刘红新，任艳，张冬蕾，等. 内蒙古锡林郭勒地区酸马奶中乳酸菌的分离鉴定[J]. 中国乳品工业，2015，43(10)：27 - 30.

[34] Koort J, Coenye T, Vandamme P, et al. *Streptococcus parauberis* associated with modified atmosphere packaged broiler meat products and air samples from a poultry meat processing plant[J]. International Journal of Food Microbiology, 2006, 106: 318 - 323.

[35] 吴轩德，李洲，周世水. 白酒酿造中酿酒酵母与巴氏醋杆菌相互作用的研究[J]. 现代食品科技，2017，33(12)：61 - 67.

[36] Haruta S, Ueno S, Egawa I, et al. Succession of bacterial and fungal communi-

ties during a traditional pot fermentation of rice vinegar assessed by PCR – mediated denaturing gradient gel electrophoresis[J]. International Journal of Food Microbiology, 2006, 109: 79 – 87.

[37] Nanda K, Taniguchi M, Ujike S, et al. Characterization of acetic acid bacteria in traditional acetic acid fermentation of rice vinegar (Komesu) and unpolished rice vinegar (Kurosu) produced in Japan[J]. Applied and Environmental Microbiology, 2001, 67: 986 – 990.

[38] WU JIAJIA, Gullo M, CHEN FUSHENG. Diversity of *Acetobacter pasteurianus* strains isolated from solid – state fermentation of cereal vinegars[J]. Current Microbiology, 2010, 60: 280 – 286.

[39] 徐清萍,李会帅,刘瑞峰,等. 巴氏醋杆菌 Ap2012 的生长及耐受性研究[J]. 食品与发酵工业,2012,38(10):40 – 43.

[40] Corral S, Leitner E, Siegmund B, et al. Determination of sulfur and nitrogen compounds during the processing of dry fermented sausages and their relation to amino acid generation[J]. Food Chemistry, 2016, 190: 657 – 664.

[41] LI ZHIHUA, RUI JUNPENG, LI XIANGZHEN, et al. Bacterial community succession and metabolite changes during doubanjiang – meju fermentation, a Chinese traditional fermented broad bean (*Vicia faba* L.) paste[J]. Food Chemistry, 2017, 218: 534 – 542.

第 4 章　小鼠便秘模型的建立及相关指标评价

4.1　引言

便秘是临床上常见的一种消化道病症，多长期持续存在，表现为排便次数减少，或排便不畅、费力、困难，粪便干结且量少等。流行病学调查显示，该症发病率从 9% 到 20% 不等，其值随地理区域、年龄、性别不同而不同，且呈逐年上升趋势。便秘不仅给患者带来苦恼，影响生活质量，还会引起肠道梗阻、穿孔，甚至是引起致死性肺栓塞等严重后果。引起便秘的原因较多且复杂，因此便秘类型较多。随着人们饮食结构的改变、生活方式的加快等，便秘的发病率呈上升趋势。因其发病机制尚不完全清楚，成为临床治疗的难题。

我国内蒙古、新疆等地区常用酸马奶来治疗心血管系统疾病、消化系统疾病等。现代医学也十分关注酸马奶的医疗保健作用，试验证实酸马奶中含有多种有益微生物，并具有益生元活性，能调整胃肠道正常菌群的平衡，对便秘、腹泻等胃肠道疾病具有治疗作用。临床结果也已表明，饮用酸马奶可有效缓解便秘症状，但其机制尚不清楚。

理想的动物便秘模型的构建是本书深入探讨酸马奶对便秘的可能作用机制的基础。目前，国内外学者尝试了多种构建动物便秘模型的方法，通常采用阿片受体激动剂，如吗啡、复方地芬诺酯、盐酸洛哌丁胺等作为诱导药物，从而抑制肠道传输功能引起便秘症状。盐酸洛哌丁胺常用于诱导痉挛性便秘模型。该便秘模型具有抑制肠道水分分泌、减少结肠黏膜厚度、降低肠道蠕动、减少水分进入结肠、抑制粪便排空和延迟肠道推进等特点。盐酸洛哌丁胺作用时间长、起效快。国内外也有诸多采用盐酸洛哌丁胺成功建立便秘模型的相关研究。

本书应用盐酸洛哌丁胺诱导小鼠便秘模型并对其相关指标进行评价，为进一步探讨酸马奶对便秘的潜在作用机制提供试验基础。

4.2　试验材料

4.2.1　试验动物

60 只雄性 SPF 级昆明小鼠，购自某公司。动物饲料、垫料也由该公司提供。试验前将小鼠在温度 21 ~ 27 ℃、湿度 45% ~ 55%、光暗周期 12 h/12 h 的环境饲养 1 周，自由进食、饮水。

4.2.2　主要试剂与耗材

盐酸洛哌丁胺、10% 中性缓冲福尔马林固定液、苏木素 - 伊红染色试剂盒、高效切片石蜡（熔点为 56 ~ 58 ℃）、活性炭粉、无水乙醇、组织包埋盒、阿拉伯树胶、生理盐水、中性树胶、载玻片、二甲苯等。

4.2.3　主要试剂配制

4.2.3.1　盐酸洛哌丁胺混悬液

用分析天平精确称取盐酸洛哌丁胺，用无菌生理盐水配成 0.5 mg/mL 的混悬液。每次灌胃前需充分摇匀。

4.2.3.2　墨汁

精确称取阿拉伯树胶 100 g，加水 800 mL，煮沸至溶液透明，称取活性炭粉

100 g 加至上述溶液中煮沸 3 次，待溶液冷却后定容至 1 000 mL，于 4 ℃保存，用前摇匀。

4.2.4 主要仪器设备

电子天平、轮转式切片机、生物组织包埋机、电热鼓风干燥箱、恒温水浴锅、生物显微镜。

4.3 试验方法

4.3.1 便秘模型的建立

4.3.1.1 动物分组

所有小鼠试验前均在试验室动物房饲养 1 周，自由进食，每日更换饲料，保持小鼠生活环境通风及清洁卫生。观察进食、饮水、活动、大小便等情况，均确认为健康小鼠后，随机分为正常组(20 只)和模型组(40 只，分为模型组 1、模型组 2)。

4.3.1.2 诱导建立便秘小鼠模型

参照曹永强等人的造模方法，通过盐酸洛哌丁胺灌胃对模型组进行诱导，构建便秘模型。盐酸洛哌丁胺灌胃量为 5 mg/kg，早晚各一次，连续灌胃 15 天，正常组以等量的生理盐水灌胃。造模期间以各组小鼠粪便性状、粪便量与粪便含水率作为分析指标。

4.3.2 小鼠指标测定

4.3.2.1 观察并记录各组小鼠一般情况

试验期间，每天观察各组小鼠精神状态，同时每隔 1 天记录各组小鼠一般情况，包括体重、进食量和饮水量等。

4.3.2.2　各组小鼠粪便质量和粪便含水率的测定

试验期间，每天观察各组小鼠粪便性状，同时每隔1天收集24 h小鼠粪便，称取湿重 m_1，置于90 ℃电热鼓风干燥箱中烘干至恒重，记录粪便干重 m_2。按下式计算粪便含水率：

$$\text{粪便含水率}(\%)=\frac{m_1-m_2}{m_1}\times 100\% \qquad (4-1)$$

4.3.2.3　小鼠肠道推进试验

在造模期最后一天，各组随机选取9只小鼠，共18只，禁食不禁水12 h后，分别对两组小鼠以0.4 mL墨汁灌胃，准确计时30 min后脱颈椎处死小鼠，打开肠腔分离肠系膜，剪取上端自幽门、下端至直肠末端的全部肠道，置于托盘上，轻轻将肠道拉成直线，测量自幽门至小肠末端肠管长度，为“小肠总长度”，从幽门至墨汁前沿为“墨汁推进长度”。按下式计算肠道推进率：

$$\text{肠道推进率}(\%)=\frac{\text{墨汁推进长度(cm)}}{\text{小肠总长度(cm)}}\times 100\% \qquad (4-2)$$

4.3.2.4　观察造模后各组小鼠结肠残留粪便量

小鼠脱颈椎处死后，剖腹取出结肠，观察残留于结肠的粪便量。

4.3.2.5　小鼠结肠病理学观察

(1)取每组小鼠远端结肠1 cm，用生理盐水冲洗后固定于10%中性缓冲福尔马林固定液中。

(2)充分固定后修块，常规脱水、透明、浸蜡。具体步骤如下：将组织分别置于50%乙醇1 h、70%乙醇1 h、80%乙醇1 h、90%乙醇1 h、95%乙醇50 min、95%乙醇50 min、100%乙醇30 min、100%乙醇30 min，然后置于二甲苯10 min、二甲苯10 min，浸蜡(56～58 ℃)1 h以上，石蜡包埋，制成4 μm连续切片。

(3)将组织切片放入60 ℃电热鼓风干燥箱中1 h后取出，采用苏木素－伊红染色法检测各组小鼠结肠病理。具体步骤如下：

a. 脱蜡。将组织切片依次置于二甲苯10 min、二甲苯10 min，以溶去切片上的石蜡。

b. 复水。将上述切片依次置于100%乙醇5 min、100%乙醇5 min、95%乙醇2 min、95%乙醇2 min、80%乙醇2 min、70%乙醇2 min、蒸馏水2 min。

c. 染色。将复水后的组织切片移入苏木素染液中染色5~20 min，自来水冲洗；分化液分化30 s；自来水浸泡15 min；置伊红染液数秒至2 min，自来水冲洗；自来水浸泡5 min。

d. 脱水，透明，封片。切片依次置于95%乙醇1 min、95%乙醇1 min、100%乙醇1 min、100%乙醇1 min、二甲苯1 min、二甲苯1 min，中性树胶封固，镜下观察。

4.3.3 统计学分析

各试验组数据以平均数±标准差表示，采用SPSS 17.0软件进行数据统计分析。$P<0.05$表示组间具有显著差异，具有统计学意义。

4.4 结果与分析

4.4.1 造模过程中一般情况观察

造模时间持续15天，在此期间正常组和模型组小鼠分别在第5天和第9天死亡1只，其中正常组1只为试剂误灌入气管致死，便秘组原因不明。造模过程中各组小鼠体重、进食量和饮水量变化结果如下。

4.4.1.1 各组小鼠体重变化

造模过程中各组小鼠体重变化如图4-1所示。造模前，各组小鼠的体重无统计学差异($P>0.05$)。在造模开始后的第3天，3组小鼠体重均有所降低，此现象可能与灌胃等操作有关，但3组小鼠间体重差异不显著($P>0.05$)。造模第5天，随着各组小鼠对灌胃操作的适应，其体重有所回升，尤其是正常组小鼠体重增加明显；模型组小鼠虽与第3天相比体重有所增加，但大部分精神倦息。此时模型组与正常组小鼠体重仍无显著差异（$P>0.05$）。造模第 7 天，正常组小鼠体重继续增加，而模型组小鼠体重均降低，此时模型组与正常组小鼠体重出现显著差异（$P<0.05$）。造模 7 ~ 9 天，正常组小鼠体重持续增加，而模型组小鼠体重持续下降，与正常组差异显著（$P<0.05$）。尤其造模第 9 天，模型组 2 与正常组小鼠体重差异极显著（$P<0.01$）。造模 11 ~ 15 天，正常组小鼠体重继续增加，并在第 15 天到达最高值（34.09 ± 1.72）g。在此阶段，模型组小鼠体重虽有所波动，但与正常组比较均出现极显著差异（$P<0.01$），且该差异持续稳定存在。

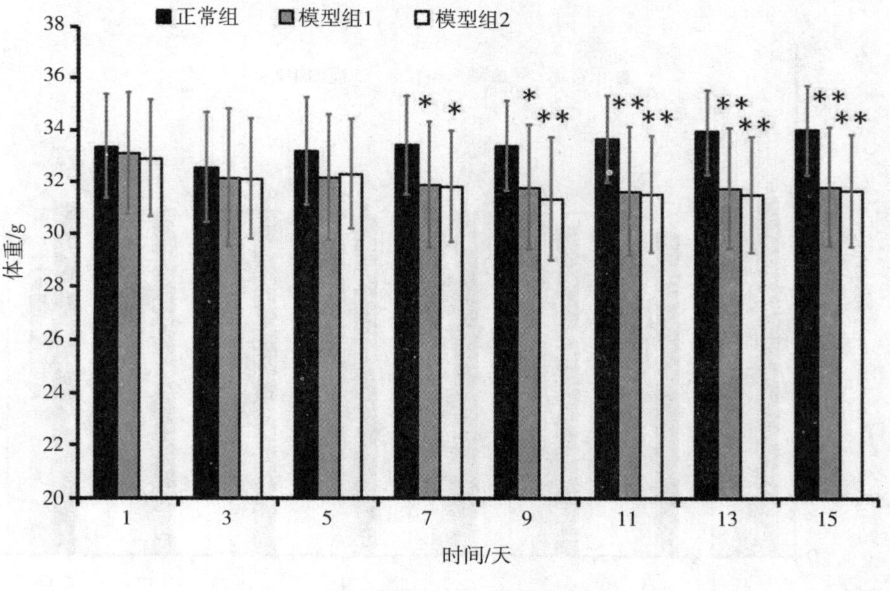

图 4 – 1　造模过程中各组小鼠体重变化

注：图中“ * ”表示相较于正常组差异显著（$P<0.05$），“ ** ”表示相较于正常组差异极显著（$P<0.01$）。

4.4.1.2　各组小鼠进食量变化

造模过程中各组小鼠进食量变化见图 4 – 2。造模第 1 天，各组间进食量虽有所差异，尤其模型组 1 小鼠进食量稍低于其他两组，但统计学分析结果显示，模型组与正常组差异不显著（$P>0.05$）。造模第3天，各组小鼠进食量均呈下降趋势，其原因可能与灌胃操作有关，但模型组与正常组差异仍不显著（$P>0.05$）。造模第5~7天，正常组小鼠进食量有所增加，而模型组小鼠进食量有所下降，尤其模型组2小鼠进食量与正常组出现显著差异（$P<0.05$），但此差异在造模第9天消失（$P>0.05$）。在此期间，即造模第5~9天，模型组1小鼠进食量虽持续下降，但与正常组未出现显著差异（$P>0.05$）。造模第11天，模型组2与正常组小鼠进食量的差异重新出现且极显著低于正常组（$P<0.01$），并且该差异直至第15天仍持续存在。模型组1与正常组小鼠进食量显著差异也出现于造模第11天，且持续至造模结束。

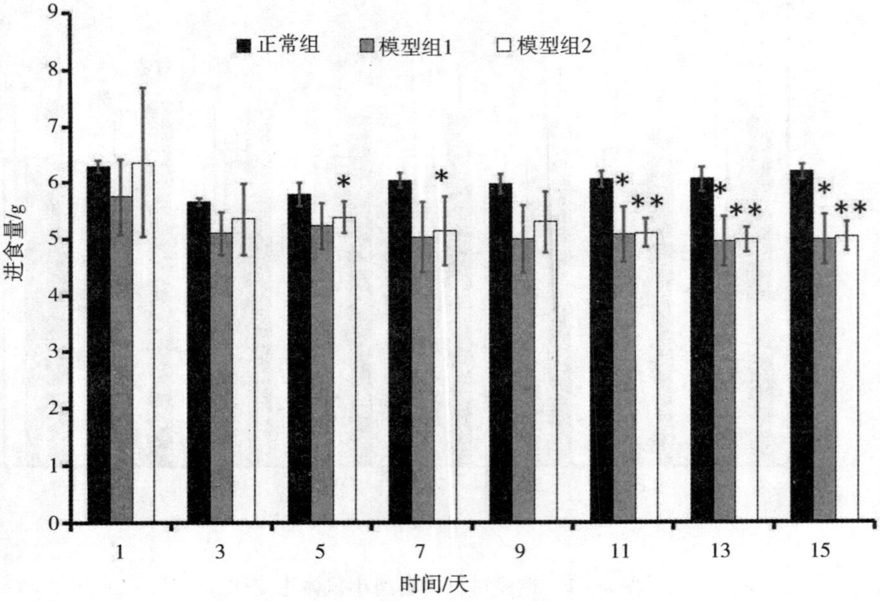

图4-2 造模过程中各组小鼠进食量变化

注：图中“*”表示相较于正常组差异显著（$P<0.05$），

“**”表示相较于正常组差异极显著（$P<0.01$）。

4.4.1.3 各组小鼠饮水量变化

造模过程中各组小鼠饮水量变化见图4-3。各组小鼠在造模过程中饮水量变化趋势基本一致。在造模前 3 天,各组小鼠饮水量均有所下降。从第 5 天开始,正常组饮水量恢复至造模前水平并趋于平稳,而模型组 1、2 小鼠饮水量也有所回升并趋于稳定,但稍低于造模前。在整个造模过程中,模型组与正常组小鼠饮水量均无显著差异($P>0.05$)。

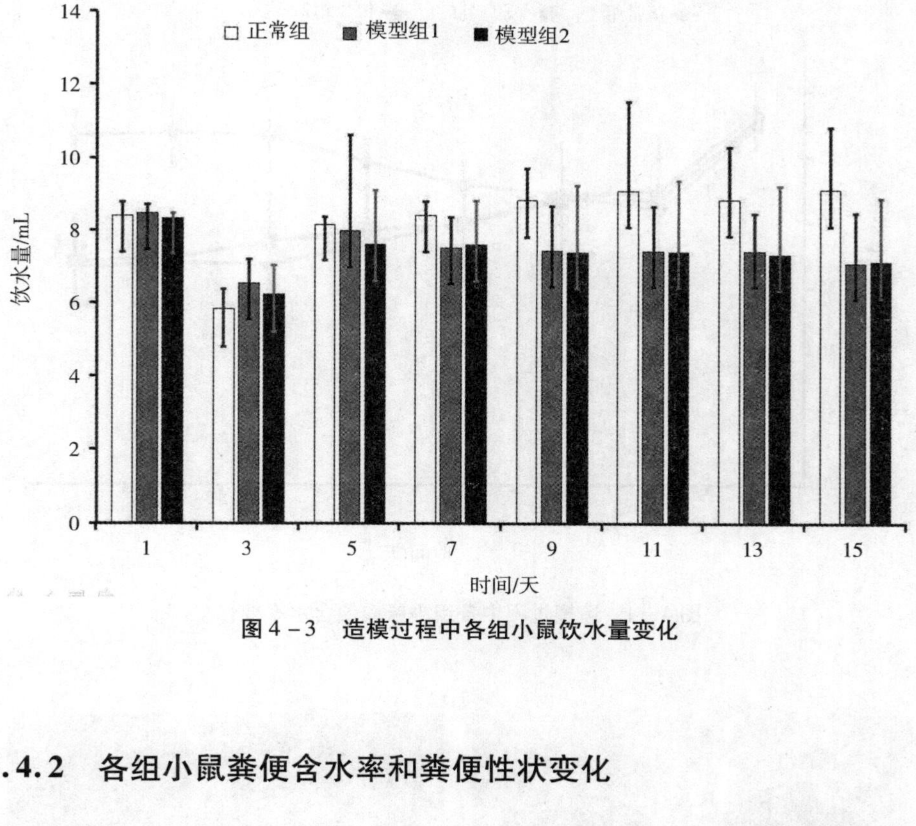

图 4－3　造模过程中各组小鼠饮水量变化

4.4.2　各组小鼠粪便含水率和粪便性状变化

利用盐酸洛哌丁胺建立便秘模型过程中,进行粪便含水率和粪便性状的测定及观察。如图 4－4 所示,在造模前,各组小鼠 24 h 粪便含水率无显著差异($P>0.05$)。造模第 3 天,各组小鼠粪便含水率明显下降,其中也包括正常组,可能与灌胃操作导致的饮水量下降有关。随着各组小鼠对于灌胃等操作的适应,正常组小鼠粪便含水率逐渐提高,而模型组小鼠粪便含水率逐渐降低,其中模型组 2 小鼠粪便含水率在造模第 11 天与正常组出现显著差异($P<0.05$),并且该差异持续至造模结束;而模型组 1 小鼠在造模第 15 天与正常组出现显著

差异($P<0.05$)。粪便性状观察结果如图 4－5 所示。造模第 15 天，正常组小鼠 24 h 内粪便量稍多且体积大、湿润、表面有光泽，而模型组小鼠粪便量少且大多体积小、干结、表面无光泽。此结果表明盐酸洛哌丁胺可以成功建立小鼠便秘模型。

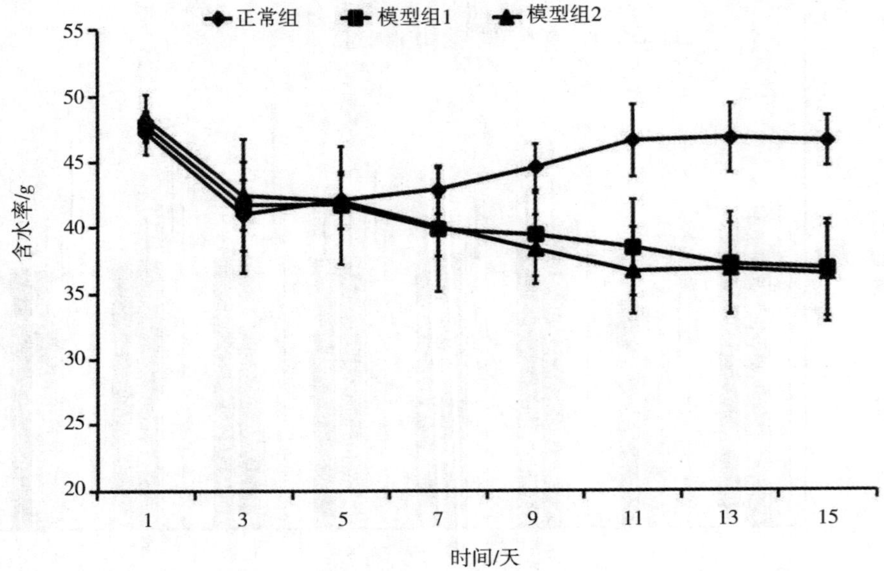

图 4－4　造模过程中各组小鼠粪便含水率变化

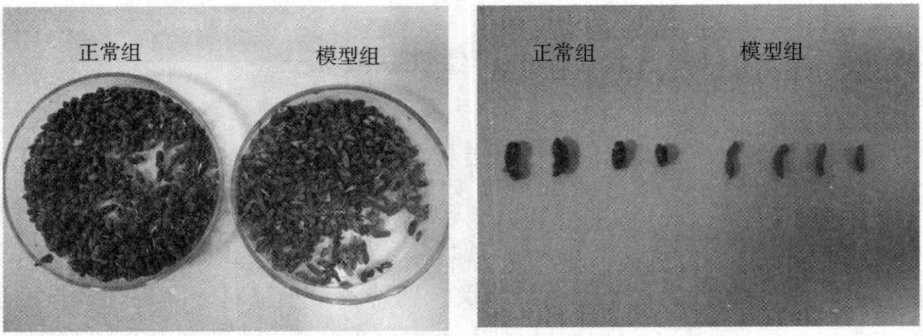

图 4－5　造模第 15 天时正常组和模型组小鼠粪便外形比较

4.4.3　各组小鼠肠道推进率

在造模最后一天，分别从正常组和模型组中随机选取 9 只小鼠进行肠道推进率的测定。结果如图 4－6 所示，正常组小鼠墨汁肠道推进率为 76.54% ± 10.34%，而模型组小鼠在 30 min 内墨汁肠道推进率为 54.33% ±15.25%，极显著低于正常组（$P<0.01$）。两组小鼠小肠总长度及墨汁推进长度见表 4－1。

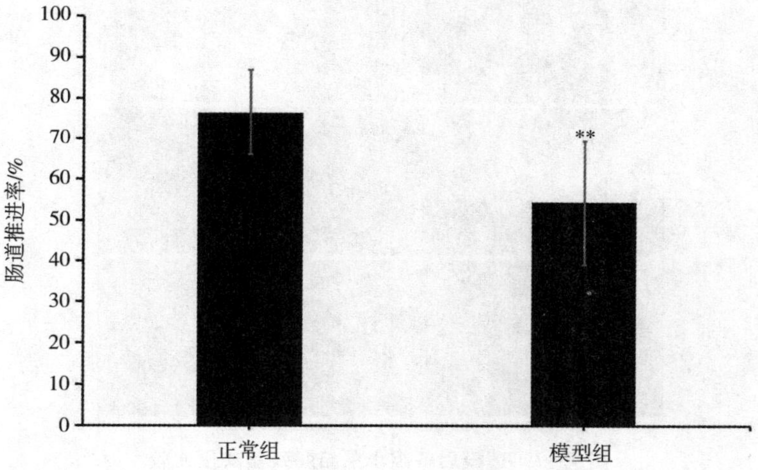

图 4－6　造模后两组小鼠肠道推进率比较

注：图中“ ** ”表示相较于正常组差异极显著（$P<0.01$）。

表 4－1　造模后两组小鼠肠道推进率比较

分组	小肠总长度/cm	墨汁推进长度/cm	肠道推进率/%
正常组	55.06 ±2.90	42.00 ±4.74	76.54 ±10.34
模型组	54.50 ±3.55	29.22 ±6.83	54.33 ±15.25**

注：结果以平均数 ± 标准差表示，表中“ ** ”表示相较于正常组差异极显著（$P<0.01$）。

4.4.4 各组小鼠结肠粪便残留情况

造模后正常组和模型组小鼠结肠粪便残留情况见图4-7。禁食12 h后两组小鼠结肠内均存在不同程度的粪便残留,其中模型组小鼠结肠残留粪便较正常组增加且明显水分含量减少、质地较硬。

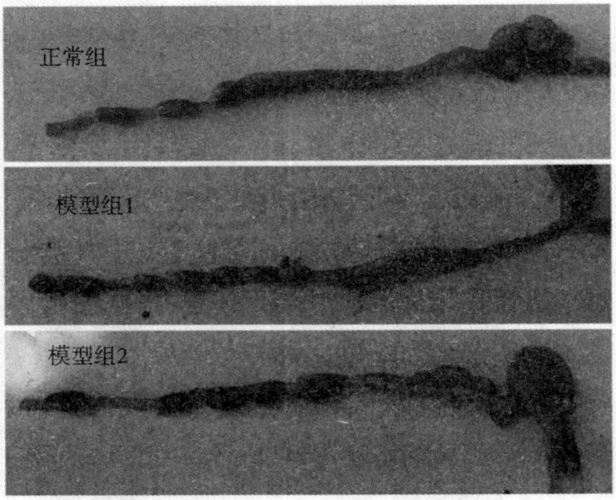

图4-7 造模后各组小鼠结肠残留粪便比较

4.4.5 各组小鼠结肠组织病理学观察

为了解盐酸洛哌丁胺诱导便秘对小鼠结肠组织结构的影响,本书采用苏木素-伊红染色方法观察了每组小鼠远端结肠形态,结果如图4-8所示。由图4-8可知,正常组小鼠的结肠黏膜完整,排列整齐,未见萎缩、糜烂、损伤等情况,其间还散落着大量杯状细胞,符合健康状态下小鼠结肠形态结构特征。模型组小鼠结肠形态结构发生了不同程度的改变,且存在个体差异。如图4-8中模型组2所示,便秘组小鼠结肠黏膜层明显变薄,排列不均匀,黏膜上皮细胞脱落程度较严重,且黏膜层(尤其黏膜浅层)杯状细胞数量减少。虽然模型组1黏膜上皮细胞脱落程度没有模型组2严重,但黏膜层厚度下降,并且黏膜浅层杯状细胞数量减少。

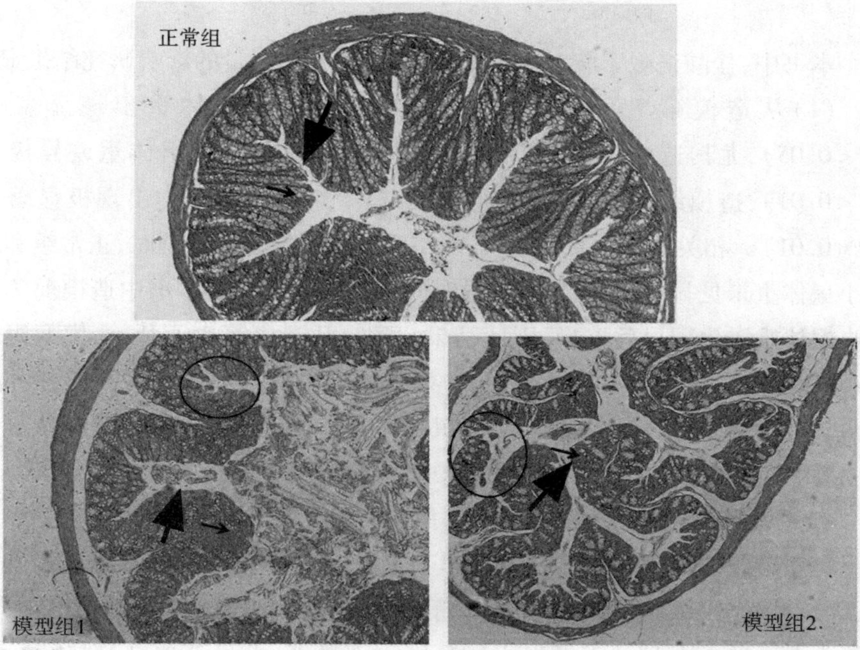

图 4－8　小鼠远端结肠组织微观结构

注：粗箭头表示黏膜层厚度，细箭头表示杯状细胞，圆形表示黏膜损伤。

4.5　讨论

众所周知，便秘患者排便次数减少，或排便不畅、费力、困难，粪便干结且量少。临床上已证实，饮用酸马奶可有效缓解便秘症状，但其机制尚不清楚。因此成功建造便秘动物模型对深入探讨酸马奶对便秘的缓解效果及其相关机制意义重大。作为急慢性腹泻的治疗药物，盐酸洛哌丁胺可通过促进肠道对水的吸收和抑制结肠蠕动，延长粪便在肠道内的停留时间，从而减少排便次数。因此，本书选择采用盐酸洛哌丁胺建造便秘模型，同时检测小鼠体重、进食量、饮水量、粪便性状、粪便含水率和肠道推进率来评估便秘模型建造是否成功。

4.5.1 小鼠体重、进食量、饮水量的变化

本书中，盐酸洛哌丁胺对小鼠体重、进食量和饮水量的影响研究结果显示：

(1)从造模第7天开始，模型组与正常组小鼠体重出现显著差异($P<0.05$)，尤其造模第9天，模型组2小鼠体重与正常组体重差异极显著($P<0.01$)；造模结束时，与正常组比较，模型组小鼠体重均出现极显著差异($P<0.01$)。相关研究结果显示，盐酸洛哌丁胺诱导便秘模型时，正常组和模型组小鼠体重未见显著差异，但其诱导时间为3或5天。而本书中造模前7天各组小鼠体重未出现显著差异，因此结果一致。从造模第5天开始，模型组小鼠出现精神倦怠，此现象不仅体现在日常活动量的减少，小鼠在灌胃时挣扎程度也减轻，使得灌胃操作更易进行。小鼠精神状态也可能导致进食量和饮水量的改变，因此进食量和饮水量成为评估便秘所要考虑的因素。

(2)从造模第5天开始，模型组小鼠进食量有所下降，尤其模型组2小鼠进食量与正常组出现显著差异($P<0.05$)；模型组1小鼠的进食量虽然低于正常组，但统计学分析结果显示差异不显著。然而从造模第11天直至造模结束，模型组1、2小鼠进食量与正常组小鼠分别出现显著、极显著差异且持续稳定存在。此结果与相关研究结果一致。盐酸洛哌丁胺诱导便秘小鼠进食量减少的机制尚不清楚。根据本书结果推测，可能与其精神倦怠有关。便秘导致精神状态不良，从而影响了食欲。

(3)本书中对各组小鼠饮水量的监测结果显示，造模过程中各组小鼠饮水量变化趋势基本一致，模型组小鼠饮水量虽然低于正常组，但无统计学差异。其他研究人员同样对采用盐酸洛哌丁胺诱导便秘模型的过程中试验鼠饮水量进行了监测，结果显示，其饮水量显著降低，与本书结果有所不同。之所以会产生不同的结果，可能与试验动物(部分试验所用试验动物为大鼠)、用药剂量(部分试验所用剂量为3 mg/kg)、造模时间(3天、5天、7天)等有关。本书中，模型组小鼠精神状态未影响其饮水量，只引起了食欲降低。

4.5.2 小鼠粪便含水率和粪便性状的变化

便秘的典型症状包括排便次数减少、粪便数量减少、粪便干燥和排便困难

等，粪便性状的改变成为评估便秘症状的重要指标。本书利用盐酸洛哌丁胺建立便秘模型，进行粪便含水率的测定，结果显示，在造模第 11 天，模型组 2 小鼠的粪便含水率显著低于正常组直至造模结束，而模型组 1 小鼠在造模第 15 天与正常组出现显著差异（$P<0.05$）。粪便含水率可表示粪便的干燥程度，粪便越干燥，小鼠便秘情况越严重。测定含水率的同时，粪便性状的观察更能直接地反映粪便干燥程度。观察造模第 15 天的粪便性状，正常组小鼠 24 h 内粪便量稍多且体积大、湿润、表面有光泽，而模型组小鼠粪便量少且大多体积小、干结、表面无光泽。以上结果均表明，盐酸洛哌丁胺可有效降低粪便相关参数，包括粪便量、粪便含水率等，与相关研究所得结论基本一致，差别在于模型组与正常组粪便含水率出现显著差异的时间。其原因可能与试验动物和盐酸洛哌丁胺用量不同有关。

4.5.3　小鼠肠道推进率的变化和结肠粪便残留情况

小鼠肠道推进率是指单位时间内消化物在肠道内推进的长度，是研究小鼠便秘情况的重要指标。本书中对正常组和模型组小鼠肠道推进率的测定结果显示，正常组小鼠墨汁肠道推进率为 76.54% ±10.34%，而模型组小鼠在 30 min内墨汁肠道推进率为 54.33% ±15.25%，极显著低于正常组（$P<0.01$）。此结果符合慢性便秘患者肠道推进力弱的特征。

与此同时，禁食 12 h 后各组小鼠结肠内均存在不同程度的粪便残留，其中模型组小鼠结肠残留粪便较正常组增加且明显水分含量减少、质地较硬。肠道推进率的降低表明肠道对内容物的推动作用减弱，从而导致内容物在肠道内的停留时间延长。而此推动力为结肠的蠕动力。研究表明，盐酸洛哌丁胺具有影响肠道平滑肌的收缩、抑制肠蠕动、延长粪便疏散时间等作用，从而导致肠道推进率的降低、粪便残留量的增加。

4.5.4　小鼠结肠组织病理学观察

便秘会伴随着结肠黏膜层变薄。为了解盐酸洛哌丁胺对小鼠结肠组织结构的影响，本书对造模后的各组小鼠远端结肠形态进行染色观察，结果表明，模型组小鼠结肠形态发生了不同程度的改变,如黏膜层明显变薄、黏膜上皮细胞脱落、杯状细胞数量减少等(图 4 - 8)。此结果符合慢性便秘患者肠道黏膜轻度炎症的特征。杯状细胞存在于黏膜层,是黏液分泌细胞,分泌的黏液覆盖于上皮细胞表面,具有润滑和保护作用。因此杯状细胞的减少可能会使结肠内黏液量减少,从而降低其对黏膜上皮细胞的保护作用,最终导致黏膜受损、黏膜层厚度降低。此结论已被相关研究所证实,即盐酸洛哌丁胺处理会使试验动物结肠结构发生改变,例如结肠黏液量减少、黏膜变薄、结肠黏膜损伤等。

4.6 小结

为了进一步研究酸马奶对便秘的缓解效果及其相关机制,本书采用盐酸洛哌丁胺诱导了小鼠便秘模型,其结果如下:

(1)造模结束时,模型组小鼠体重极显著低于正常组,且精神状态也与正常组有明显差距,模型组大部分小鼠出现了精神倦怠、活动量减少等现象。与此同时,造模第 11 天,模型组小鼠进食量与正常组小鼠出现显著或极显著差异且持续至造模结束。然而各组小鼠饮水量未见显著差异。

(2)对粪便含水率的测定结果显示,造模结束时模型组小鼠粪便含水率显著低于正常组。正常组小鼠 24 h 内粪便量稍多且体积大、湿润、表面有光泽,而模型组小鼠粪便量少且大多体积小、干结、表面无光泽。

(3)对两组小鼠肠道推进率的测定结果显示,正常组小鼠墨汁肠道推进率为 76.54% ±10.34%,而模型组小鼠墨汁肠道推进率为 54.33% ±15.25%,极显著低于正常组($P<0.01$)。与此同时,禁食 12 h 后各组小鼠均存在不同程度的粪便残留,其中模型组小鼠结肠残留粪便较正常组增加且明显水分含量减少、质地较硬。

(4)组织病理学观察结果显示,正常组小鼠的结肠黏膜完整,排列整齐,未见萎缩、糜烂、损伤等情况,其间还散落着大量杯状细胞,符合健康状态下小鼠结肠形态结构特征。然而,模型组小鼠结肠形态结构发生了不同程度的改变,包括黏膜层明显变薄、排列不均匀,黏膜上皮细胞脱落,且黏膜层杯状细胞数量减少等。

综上所述,盐酸洛哌丁胺灌胃后,模型组小鼠粪便含水率降低、结肠内残留粪便量增多、肠道推进率显著降低，证实了便秘模型的成功建立。

参考文献

[1] YIN JIANQIAO, LIANG YICHAO, WANG DALU, et al. Naringenin induces laxative effects by upregulating the expression levels of c - Kit and SCF, as well as those of aquaporin 3 in mice with loperamide - induced constipation[J]. International Journal of Molecular Medicine, 2018, 41: 649 - 658.

[2] Mostafa S M, Bhandari S, Ritchie G, et al. Constipation and its implications in the critically ill patient[J]. British Journal of Anaesthesia, 2003, 91: 815 - 819.

[3] Bharucha A E, Wald A, Enck P, et al. Functional anorectal disorders[J]. Gastroenterology, 2006, 130: 1510 - 1518.

[4] 刘兴. 普芦卡必利对慢传输型便秘大鼠胃肠道传输功能及胃肠道肌层 ICC 的影响[D]. 张家口：河北北方学院，2014.

[5] 任秀娟，赵一萍，布仁其其格，等. 酸马奶的营养价值和产业化发展探究[J]. 内蒙古科技与经济，2014(3): 3 - 5.

[6] 哈斯苏荣，阿木古楞，芒来. 酸马奶及其医学价值[J]. 中国中药杂志，2003, 28(1): 11 - 15.

[7] Mori T, Shibasaki Y, Matsumoto K, et al. Mechanisms that underlie μ - opioid receptor agonist - induced constipation: differential involvement of μ - opioid receptor sites and responsible regions[J]. Journal of Pharmacology and Experimental Therapeutics, 2013, 347(1): 91 - 99.

[8] Shimotoyodome A, Meguro S, Hase T, et al. Decreased colonic mucus in rats with loperamide - induced constipation[J]. Comparative Biochemistry and Physiology Part A, 2000, 126(2): 203 - 212.

[9] Neri F, Cavallari G, Tsivian M, et al. Effect of colic vein ligature in rats with loperamide - induced constipation[J]. Journal of Biomedicine and Biotechnology, 2012: 1 - 5.

[10] Wintola O A, Sunmonu T O, Afolayan A J. The effect of *Aloe ferox* Mill. in the treatment of loperamide - induced constipation in Wistar rats[J]. BMC Gastro-

enterology,2010,10(1):95.

[11] Hee J S, Kwon Y D. The combination of *Cassia obtusifolia* L. and *Foeniculum vulgare* M. exhibits a laxative effect on loperamide – induced constipation of rats [J]. PLoS ONE,2018,13(4):1 – 13.

[12] 丁一芮. 拉克替醇和婴儿双歧杆菌对便秘大鼠 AQP3 及 ICC 的影响[D]. 郑州:郑州大学,2016.

[13] 曹永强,张健,郑喆,等. 副干酪乳杆菌 N1115 发酵乳对小鼠便秘的改善作用[J]. 食品科学,2018,39(1):185 – 191.

[14] Kim J E, Yun W B, Sung J E, et al. Characterization the response of Korl:ICR mice to loperamide induced constipation [J]. Laboratory Animal Research, 2016,32(4):231 – 240.

[15] Sohji Y, Kawashima K, Shimizu M. Pharmacological studies of loperamide, an anti – diarrheal agent. Ⅱ. Effects on peristalsis of the small intestine and colon in guinea pigs[J]. Folia Pharmacologica Japonica,1978,74:155 – 163.

[16] Fioramonti J, Fargeas M J, Bueno L. Stimulation of gastrointestinal motility by loperamide in dogs[J]. Digestive Diseases and Sciences,1987,32:641 – 646.

[17] Kojima R, Doihara H, Nozawa K, et al. Characterization of two models of drug – induced constipation in mice and evaluation of mustard oil in these models[J]. Pharmacology,2009,84(4):227 – 233.

[18] YAN SHUAI, YUE YINZI, WANG XIAOPENG, et al. Aqueous extracts of herba cistanche promoted intestinal motility in loperamide – induced constipation rats by ameliorating the interstitial cells of Cajal[J]. Evidence – based Complementary and Alternative Medicine,2017:1 – 13.

[19] ZHANG YONGGANG, GE TINGRUI, XIANG PING, et al. Therapeutic effect of protease – activated receptor 2 agonist SLIGRL – NH_2 on loperamide – induced Sprague – Dawley rat constipation model and the related mechanism[J]. Drug Design, Development and Therapy,2018,12:2403 – 2411.

[20] CHUAN LI, NIE SHAOPING, ZHU KEXUE, et al. Effect of Lactobacillus plantarum NCU116 on loperamide – induced constipation in mice[J]. International Journal of Food Sciences & Nutrition,2015,66(5):533 – 538.

[21] Krauter E M, Strong D S, Brooks E M, et al. Changes in colonic motility and the electrophysiological properties of myenteric neurons persist following recovery from trinitrobenzene sulfonic acid colitis in the guinea pig[J]. Neurogastroenterology and Motility, 2007, 19: 990 – 1000.

[22] Ashafa A O T, Sunmonu T O, Abass A A, et al. Laxative potential of the ethanolic leaf extract of *Aloe vera*(L.) Burm. f. in wistar rats with loperamide – induced constipation [J]. Journal of Natural Pharmaceuticals, 2011, 2: 158 – 162.

[23] Kim J E, Go J, Koh E K, et al. Gallotannin – enriched extract isolated from galla rhois may be a functional candidate with laxative effects for treatment of loperamide – induced constipation of SD Rats [J]. PLoS ONE, 2016, 11 (9): e0161144.

[24] Sabiu S, Ashafa O T A. Toxicological implications and laxative potential of ethanol root extract of *Morella serrata* in loperamide – induced constipation wistar rats[J]. Pharmaceutical Biology, 2016, 54(12): 2901 – 2908.

[25] REN XINXIU, LIU LEI, Gamallat Y, et al. Enteromorpha and polysaccharides from enteromorpha ameliorate loperamide – induced constipation in mice[J]. Biomedicine & Pharmacotherapy, 2017, 96: 1075 – 1081.

[26] Han S H, Park K, Kim E Y, et al. Cactus (*Opuntia humifusa*) water extract ameliorates loperamide – induced constipation in rats[J]. BMC Complementary and Alternative Medicine, 2017, 17(1): 1 – 8.

[27] YANG ZIHUAN, YU HAIJIE, PAN AO. Cellular mechanisms underlying the laxative effect of flavonol naringenin on rat constipation model[J]. PLoS ONE, 2008, 3(10): 3348.

[28] Shimotoyodome A, Meguro S, Hase T, et al. Decreased colonic mucus in rats with loperamide – induced constipation [J]. Comparative Biochemistry and Physiology Part A, 2000, 126: 203 – 212.

[29] Sohji Y, Kawashima K, Shimizu M. Pharmacological studies of loperamide, an anti – diarrheal agent[J]. Folia Pharmacologica Japonica, 1978, 74: 213 – 223.

[30] Bassotti G, Villanacci V, Creţoiu D, et al. Cellular and molecular basis of

chronic constipation: taking the functional/idiopathic label out[J]. World Journal of Gastroenterology, 2013, 119: 4099 - 4105.

[31] Boyer L, Ghoreishi M, Templeman V, et al. Myenteric plexus injury and apoptosis in experimental colitis[J]. Autonomic Neuroscience, 2005, 117: 41 - 53.

第 5 章　酸马奶对盐酸洛哌丁胺诱导小鼠便秘症状的缓解作用

5.1　引言

益生菌为何在缓解和治疗便秘方面表现出潜在优势？研究显示便秘患者肠道微生物与健康人群肠道微生物有区别，且主要体现在 *Bifidobacterium*、*Lactobacillus* 和致病菌的相对丰度变化上。大多数研究表明便秘患者肠道菌群的变化主要为 *Bifidobacterium* 和 *Lactobacillus* 的减少、致病菌的增加。据此，有人提出肠道菌群的失衡在便秘中扮演着重要角色。因此，益生菌的补充成为便秘治疗方法的研究热点。科学家们在动物和人类身上进行了很多益生菌补充试验来深入了解益生菌对便秘的治疗效果。在这些益生菌中最具有代表性的即为 *Lactobacillus*。随着研究的不断推进，专家们逐渐认识到益生菌中最具代表性的 *Lactobacillus* 在缓解和治疗便秘方面的巨大潜力。

现代医学十分关注酸马奶的医疗保健作用，相关研究已证实酸马奶含有多种有益微生物，并具有益生元活性，能调整胃肠道内正常菌群的平衡，对便秘、腹泻等胃肠道疾病具有治疗作用。

前期试验结果显示，酸马奶在发酵 84 h 时最适宜饮用，且乳酸、丁酸、辛酸含量最高，可以增加胃肠道蠕动；而发酵 36 h 时益生菌，尤其瑞士乳酸杆菌含量最高。那么这两种不同发酵时间点的酸马奶哪个对便秘缓解效果更佳？

基于以上背景，本书在上一章成功建立小鼠便秘模型的基础上，给便秘小鼠饮用不同发酵时间点酸马奶样品，通过测定小鼠体重、进食量、饮水量、粪便含水率、肠道推进率等指标，评估酸马奶对盐酸洛哌丁胺诱导便秘的缓解效果，为其临床应用奠定理论基础。

5.2 试验材料

5.2.1 试验动物

第4章造模试验中成功建立的模型组(30只小鼠)小鼠和正常组(10只小鼠)。

5.2.2 主要试剂与耗材

10%中性缓冲福尔马林固定液、苏木素－伊红染色试剂盒、高效切片石蜡(熔点为56~58 ℃)、活性炭粉、无水乙醇、组织包埋盒、阿拉伯树胶、生理盐水、中性树胶、载玻片、二甲苯等。

5.2.3 主要试剂配制

精确称取阿拉伯树胶100 g，加水800 mL，煮沸至溶液透明，称取活性炭粉100 g加至上述溶液中煮沸3次，待溶液冷却后定容至1 000 mL，于4 ℃保存，用前摇匀。

5.2.4 主要仪器设备

电子天平、轮转式切片机、生物组织包埋机、电热鼓风干燥箱、恒温水浴锅、生物显微镜。

5.3 试验方法

5.3.1 分组与酸马奶灌胃剂量

将成功建立便秘模型的30只小鼠随机分成自然恢复组(10只)、36 h酸马奶组(10只)和84 h酸马奶组(10只),与10只正常组小鼠共形成4组。试验0~10天,36 h酸马奶组和84 h酸马奶组按照每次20 mL/kg的剂量灌胃,每天1次;11~20天按每次20 mL/kg的剂量灌胃,每天2次。正常组和自然恢复组用同等剂量生理盐水灌胃。连续灌胃20天。

5.3.2 小鼠指标测定

5.3.2.1 观察并记录各组小鼠一般情况

试验期间,每天观察各组小鼠精神状态,同时每隔5天记录各组小鼠一般情况,包括体重、进食量和饮水量等。

5.3.2.2 各组小鼠粪便质量和粪便含水率的测定

试验期间,每天观察各组小鼠粪便性状,同时每隔5天收集24 h小鼠粪便,称取湿重 m_1,置于90 ℃电热鼓风干燥箱中烘干至恒重,记录粪便干重 m_2。按下列计算粪便含水率:

$$粪便含水率(\%)=\frac{m_1-m_2}{m_1}\times 100\% \tag{5-1}$$

5.3.2.3 小鼠肠道推进试验

在试验最后一天,小鼠禁食不禁水12 h后,分别对4组小鼠灌胃0.4 mL墨汁,准确计时30 min后脱颈椎处死小鼠,打开肠腔分离肠系膜,剪取上端自幽门、下端至直肠末端的全部肠道,置于托盘上,轻轻将肠道拉成直线,测量自幽门至小肠末端肠管长度,为"小肠总长度",从幽门至墨汁前沿为"墨汁推进长度”。按下式计算肠道推进率：

$$肠道推进率(\%)=\frac{墨汁推进长度(cm)}{小肠总长度(cm)}\times 100\% \quad (5-2)$$

5.3.2.4 观察各组小鼠结肠残留粪便量

小鼠脱颈椎处死后，剖腹取出结肠，观察残留于结肠的粪便量。

5.3.2.5 小鼠结肠病理学观察

(1)取每组小鼠远端结肠 1 cm，用生理盐水冲洗后固定于 10% 中性缓冲福尔马林固定液中。

(2)充分固定后修块，常规脱水、透明、浸蜡。具体步骤如下：将组织分别置于 50% 乙醇 1 h、70% 乙醇 1 h、80% 乙醇 1 h、90% 乙醇 1 h、95% 乙醇 50 min、95% 乙醇 50 min、100% 乙醇 30 min、100% 乙醇 30 min，然后置于二甲苯 10 min、二甲苯 10 min，浸蜡(56 ~ 58 ℃)1 h 以上，石蜡包埋，制成 4 μm 连续切片。

(3)将组织切片放入 60 ℃电热鼓风干燥箱中 1 h 后取出，采用苏木素 - 伊红染色法检测各组小鼠结肠病理。具体步骤如下：

a. 脱蜡。将组织切片依次置于二甲苯 10 min、二甲苯 10 min，以溶去切片上的石蜡。

b. 复水。将上述切片依次置于 100% 乙醇 5 min、100% 乙醇 5 min、95% 乙醇 2 min、95% 乙醇 2 min、80% 乙醇 2 min、70% 乙醇 2 min、蒸馏水 2 min。

c. 染色。将复水后的组织切片移入苏木素染液中染色 5 ~ 20 min，自来水冲洗；分化液分化 30 s；自来水浸泡 15 min；置伊红染液数秒至 2 min，自来水冲洗；自来水浸泡 5 min。

d. 脱水，透明，封片。切片依次置于 95% 乙醇 1 min、95% 乙醇 1 min、100% 乙醇 1 min、100% 乙醇 1 min、二甲苯 1 min、二甲苯 1 min，中性树胶封固，镜下观察。

5.3.3 统计学分析

各试验组数据以平均数 ± 标准差表示，采用 SPSS 17.0 软件进行数据统计分析。$P<0.05$ 表示组间具有显著差异，具有统计学意义。

5.4　结果与分析

5.4.1　一般情况观察

酸马奶治疗便秘小鼠试验共持续 20 天，在此期间各组小鼠体重、进食量和饮水量变化结果如下。

5.4.1.1　各组小鼠体重变化

正常组小鼠平均体重 34.30 g，而 3 组便秘模型小鼠平均体重均极显著低于正常组（$P<0.01$）。试验开始后各组小鼠体重变化如图 5-1 所示。正常组和自然恢复组小鼠体重在整个试验过程中呈缓慢上升趋势，其中正常组小鼠体重增幅大于自然恢复组，且各个时间点两组小鼠体重保持极显著差异（$P<0.01$）。36 h 酸马奶组和 84 h 酸马奶组小鼠体重在整个试验过程中变化趋势基本一致。试验第 1～5 天，两组小鼠体重有所下降，但差异不显著（$P>0.05$）；随后两组小鼠体重呈现上升趋势；试验第 10 天，两组小鼠体重虽有所增加，但与正常组相较差异极显著（$P<0.01$），与自然恢复组无显著差异（$P>0.05$）；试验第 15 天，两组小鼠体重显著增加，虽然此时与正常组小鼠相比仍然有极显著差异，但 36 h 酸马奶组小鼠体重与自然恢复组小鼠体重出现了显著差异（$P<0.05$），而 84 h 酸马奶组与自然恢复组无显著差异（$P>0.05$）；两组小鼠体重不断增加，到达试验第 20 天，与自然恢复组小鼠之间差异显著，而与正常组小鼠之间的差异极显著（$P<0.01$）。详细数据与统计学分析结果见表 5-1。

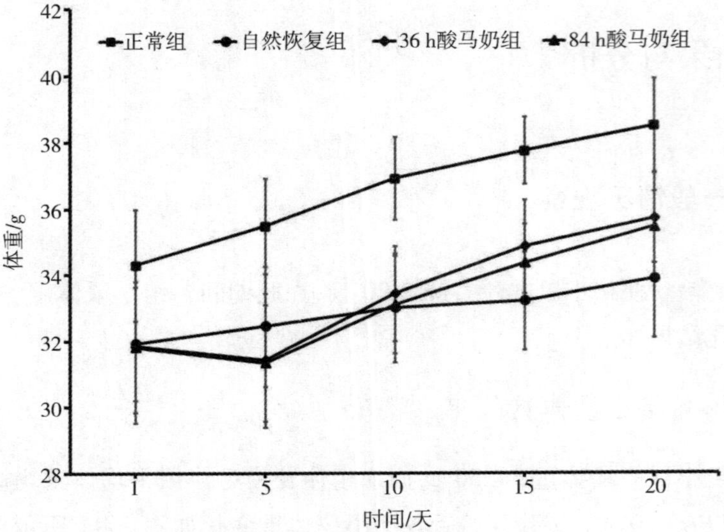

图 5－1　4 组小鼠体重变化

表 5－1　4 组小鼠体重

单位：g

分组	第 1 天	第 5 天	第 10 天	第 15 天	第 20 天
正常组	34.30 ± 1.69[A]	35.48 ± 1.45[A]	36.92 ± 1.25[A]	37.75 ± 1.01[B]	38.49 ± 1.41[B]
自然恢复组	31.93 ± 1.71	32.44 ± 1.82	33.00 ± 1.64	33.50 ± 1.82	33.87 ± 1.79
36 h 酸马奶组	31.84 ± 2.32	31.42 ± 2.02	33.43 ± 1.45	34.84 ± 1.42[a]	35.70 ± 1.36[a]
84 h 酸马奶组	31.82 ± 1.97	31.33 ± 1.76	33.09 ± 1.47	34.35 ± 1.18	35.43 ± 1.09[a]

注：结果以平均数 ± 标准差表示，表中小写字母上标表示相较于自然恢复组差异显著（$P < 0.05$），大写字母上标表示相较于自然恢复组差异极显著（$P < 0.01$）。

5.4.1.2　各组小鼠进食量变化

不同发酵时间点酸马奶灌胃试验过程中各组小鼠进食量变化见图 5－2。在整个试验过程中，正常组小鼠进食量虽然有小幅度的波动，但始终极显著高于其他 3 组小鼠($P<0.01$);自然恢复组小鼠进食量在前 15 天处于平稳状态，而后有所增加，但不显著($P>0.05$);在整个试验过程中,36 h 酸马奶组和 84 h 酸马奶组小鼠进食量变化趋势相似，均在试验第 1～5 天下降,84 h 酸马奶组小鼠进食量下降幅度大于 36 h 酸马奶组;第 5～20 天，两组小鼠进食量呈持续上升趋势，第 20 天均达最高值，且此时 84 h 酸马奶组小鼠进食量显著高于自然恢复组($P<0.05$),而 36 h 酸马奶组小鼠进食量极显著高于自然恢复组($P<0.01$)。详细数据及统计学分析结果见表 5－2。

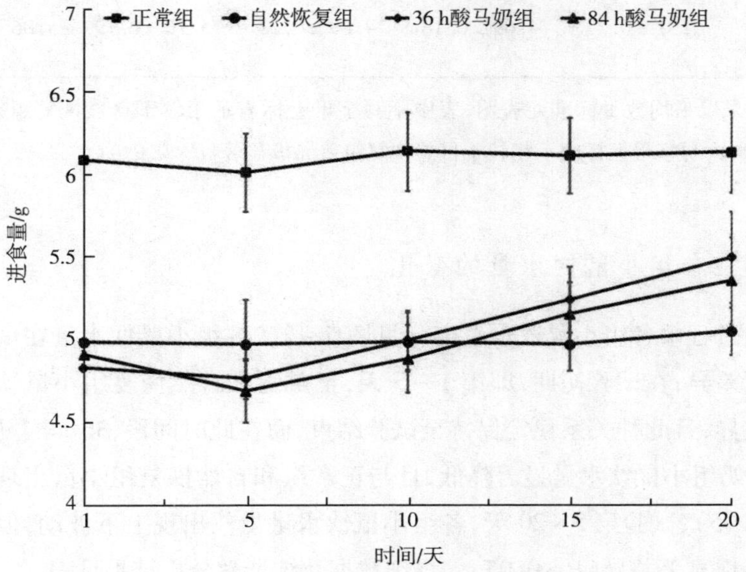

图 5－2　4 组小鼠进食量变化

表5-2 4组小鼠进食量 单位:g

分组	第1天	第5天	第10天	第15天	第20天
正常组	6.09 ±0.21[A]	6.01 ±0.24[A]	6.14 ±0.24[A]	6.11 ±0.23[A]	6.13 ±0.25[C]
自然恢复组	4.99 ±0.28	4.97 ±0.27	4.99 ±0.18	4.97 ±0.16	5.05 ±0.14
36 h酸马奶组	4.94 ±0.16	4.77 ±0.12	5.00 ±0.17	5.24 ±0.20	5.50 ±0.28[A]
84 h酸马奶组	4.91 ±0.25	4.69 ±0.18	4.89 ±0.21	5.16 ±0.19	5.36 ±0.26[Ab]

注:结果以平均数±标准差表示,表中小写字母上标表示相较于自然恢复组差异显著($P<0.05$),大写字母上标表示相较于自然恢复组差异极显著($P<0.01$)。

5.4.1.3 各组小鼠饮水量的变化

试验过程中各组小鼠饮水量变化见图5-3。各组小鼠饮水量在试验开始前无显著差异;在试验初期,即第1~5天,正常组和自然恢复组小鼠饮水量仍无显著差异,且此种关系稳定保持至试验结束,而在此时间段,36 h酸马奶组和84 h酸马奶组小鼠饮水量显著降低,且与正常组和自然恢复组小鼠出现显著差异($P<0.05$);试验第5~20天,各组小鼠饮水量虽然出现上下波动,但4组间均未再出现显著差异($P>0.05$)。详细数据及统计学分析结果见表5-3。

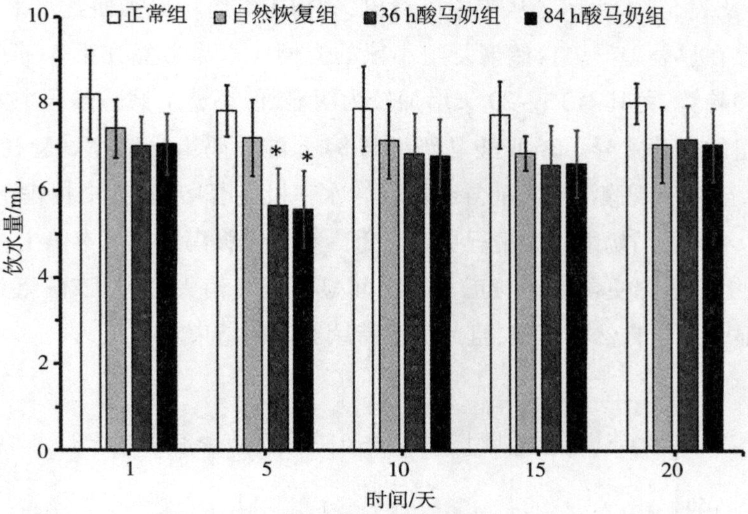

图 5－3　4 组小鼠饮水量变化

注：图中“＊”表示相较于自然恢复组差异显著（$P<0.05$）。

表 5－3　4 组小鼠饮水量　　单位：mL

分组	第 1 天	第 5 天	第 10 天	第 15 天	第 20 天
正常组	8.20 ± 1.03	7.84 ± 0.60	7.89 ± 0.98	7.75 ± 0.78	8.03 ± 0.48
自然恢复组	7.42 ± 0.67	7.21 ± 0.87	7.15 ± 0.86	6.87 ± 0.40	7.08 ± 0.88
36 h 酸马奶组	7.02 ± 0.68	5.66 ± 0.85[a]	6.85 ± 0.92	6.59 ± 0.92	7.19 ± 0.81
84 h 酸马奶组	7.06 ± 0.71	5.56 ± 0.88[a]	6.80 ± 0.84	6.63 ± 0.78	7.06 ± 0.85

注：结果以平均数 ± 标准差表示，表中小写字母上标表示相较于自然恢复组差异显著（$P<0.05$）。

5.4.2　4 组小鼠粪便含水率变化

每隔 5 天收集各组小鼠 24 h 内的粪便，称重，测定粪便含水率，试验结果如

图5－4及表5－4所示。从表中可看出，最初正常组小鼠粪便含水率与其他3组之间存在显著差异。自然恢复组小鼠的粪便含水率虽然在第5～20天内呈逐步增加趋势，尤其第15～20天增加较为明显，但在整个试验过程中始终保持与正常组的显著差异。36 h酸马奶组与84 h酸马奶组小鼠在试验初期，即第1～3天，部分出现腹泻现象而导致粪便含水率极显著增加，其中相较于36 h酸马奶组，84 h酸马奶组腹泻情况更为严重。第4天腹泻现象基本消失；试验第5天，该两组小鼠粪便含水率与正常组之间显著差异消失，但是该两组小鼠粪便含水率显著高于自然恢复组，且此关系持续至试验结束。

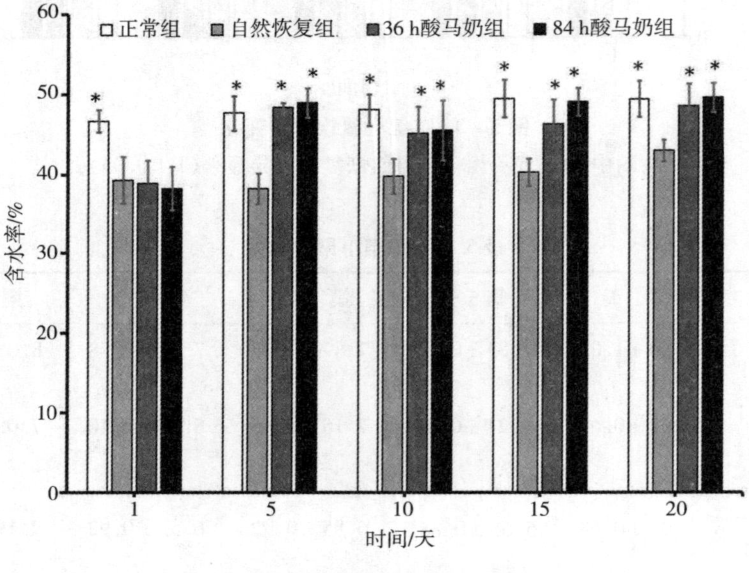

图5－4　4组小鼠粪便含水率变化

注：图中“＊”表示相较于自然恢复组差异显著（$P<0.05$）。

表 5 - 4　4 组小鼠粪便含水率　　单位:%

分组	第 1 天	第 5 天	第 10 天	第 15 天	第 20 天
正常组	46.66 ± 1.42[a]	47.63 ± 2.13[a]	48.00 ± 1.91[a]	49.42 ± 2.32[a]	49.30 ± 2.23[a]
自然恢复组	39.28 ± 2.91	38.22 ± 1.90	39.74 ± 2.20	40.19 ± 1.72	42.92 ± 1.35
36 h 酸马奶组	38.88 ± 2.87	48.29 ± 0.57[a]	45.05 ± 3.41[a]	46.22 ± 3.12[a]	48.47 ± 2.69[a]
84 h 酸马奶组	38.25 ± 2.70	48.90 ± 1.82[a]	45.45 ± 3.73[a]	49.00 ± 1.71[a]	49.48 ± 1.83[a]

注:结果以平均数 ± 标准差表示,表中小写字母上标表示相较于自然恢复组差异显著($P < 0.05$)。

5.4.3　4 组小鼠肠道推进率

本书利用肠道推进试验来探索不同发酵时间点酸马奶对肠蠕动的促进作用。在试验结束时,不同组小鼠肠道推进率如图 5 - 5 所示,从图中可看出,正常组小鼠墨汁肠道推进率为 73.07% ± 4.59%,而自然恢复组小鼠墨汁肠道推进率为 64.13% ± 5.36%,虽然与造模后的 54.33% ± 15.25% 相比有所增加,但仍极显著低于正常组($P < 0.01$)。与自然恢复组相比,酸马奶灌胃后的两组小鼠肠道推进率显著升高($P < 0.05$),但两组之间不具有显著差异($P > 0.05$),与正常组也无显著差异($P > 0.05$)。小鼠小肠总长度及墨汁推进长度见表 5 - 5。

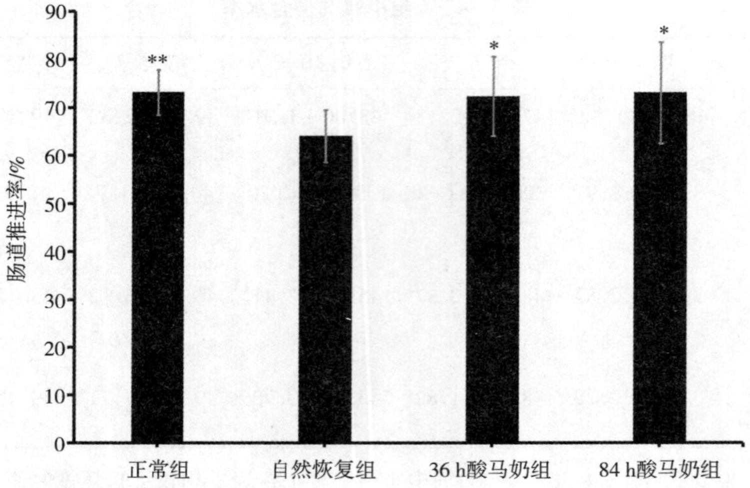

图 5-5　4 组小鼠肠道推进率比较

注:图中"＊"表示相较于自然恢复组差异显著($P<0.05$),

"＊＊"表示相较于自然恢复组差异极显著($P<0.01$);

表 5-5　4 组小鼠小肠总长度、墨汁推进长度及肠道推进率

分组	小肠总长度/cm	墨汁推进长度/cm	肠道推进率/%
正常组	55.07 ±3.05	40.30 ±4.22	73.07 ±4.59＊＊
自然恢复组	54.60 ±2.84	35.05 ±3.85	64.13 ±5.36
36 h 酸马奶组	56.10 ±3.19	40.55 ±2.95	72.61 ±8.14＊
84 h 酸马奶组	55.40 ±3.98	40.20 ±4.21	73.05 ±10.44＊

注:结果以平均数 ± 标准差表示,表中"＊"表示相较于自然恢复组差异显著($P<0.05$),"＊＊"表示相较于自然恢复组差异极显著($P<0.01$)。

5.4.4　4 组小鼠结肠粪便残留情况

4 组小鼠结肠粪便残留情况如图 5-6 所示。4 组小鼠禁食 12 h 后结肠内均存在不同程度的粪便残留,虽然存在个体差异,但总体上也存在共性:(1)自然恢复组小鼠粪便残留量明显多于正常组，并且多数色深、质地较硬、水分含量较少；(2) 36 h 酸马奶组和 84 h 酸马奶组小鼠粪便残留量明显少于自然恢复组，且色浅、质地较软；而两者之间未见明显差异。

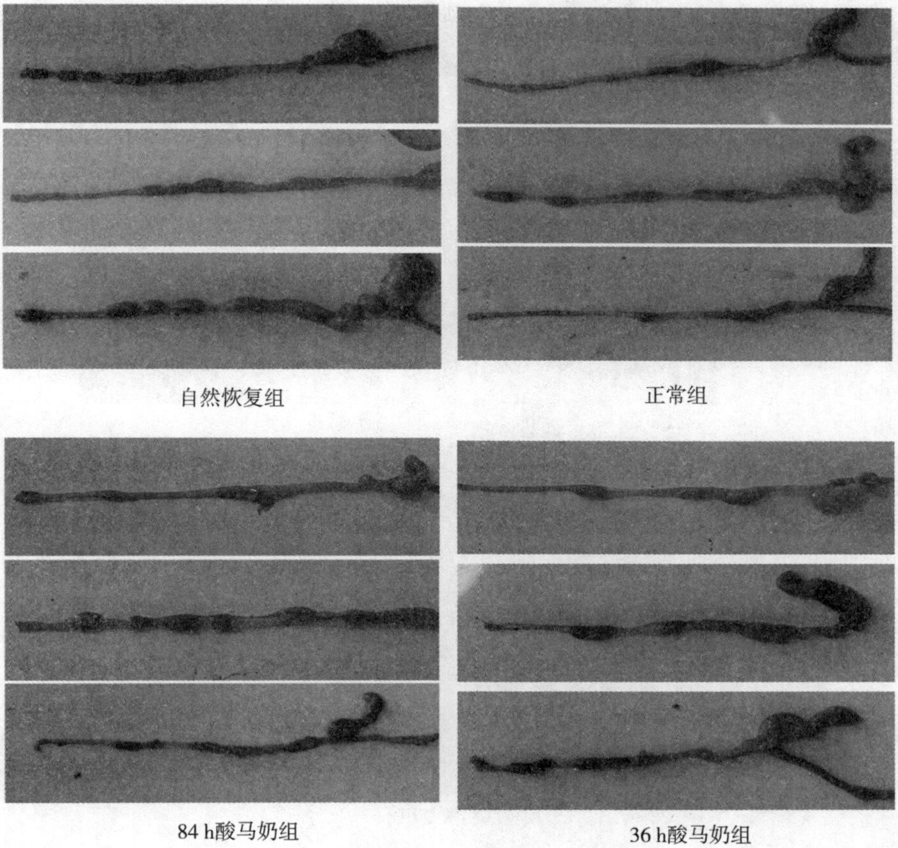

图 5－6　4 组小鼠结肠残留粪便比较

5.4.5　4 组小鼠结肠组织病理学观察

4 组小鼠远端结肠组织横截面 100 × 显微镜照片如图 5－7 所示。正常组小鼠结肠黏膜上皮完整，细胞排列整齐，其间分布的杯状细胞数量较多。自然恢复组小鼠结肠形态较造模后有不同程度的恢复，例如少数小鼠结肠黏膜内杯状细胞数量有所增加,但大部分小鼠结肠黏膜层薄、黏膜上皮细胞排列不整齐、细胞脱落。36 h 和 84 h 酸马奶组小鼠结肠组织形态有明显恢复,即使与自然恢复组相比较也有一定的优势,例如黏膜层厚度增加、细胞排列变得均匀、褶皱深度加深。即使个别小鼠黏膜浅层杯状细胞仍较少,但均未见细胞脱落现象,黏膜上皮趋于完整。而 36 h 和 84 h 酸马奶组相比较,后者黏膜厚度增加更明显,杯状细胞量更多,与正常组结肠特征更接近。

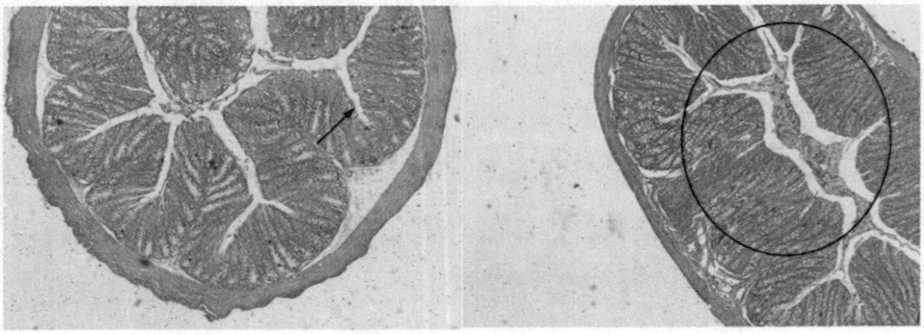

(a) (b)

正常组

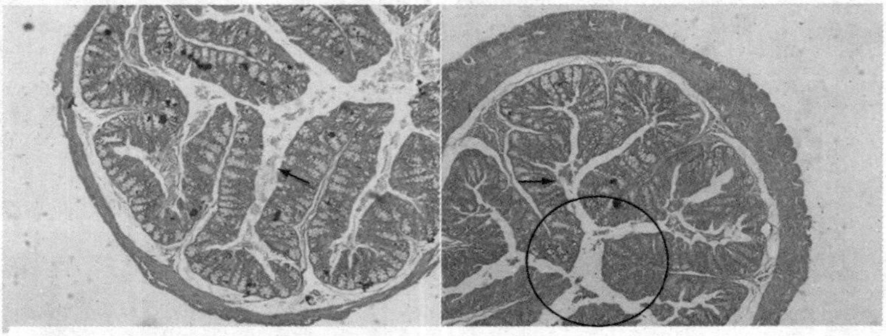

(c) (d)

自然恢复组

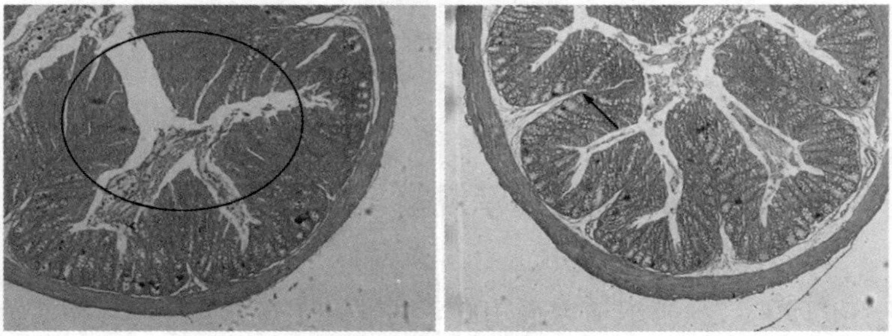

(e) (f)

36 h酸马奶组

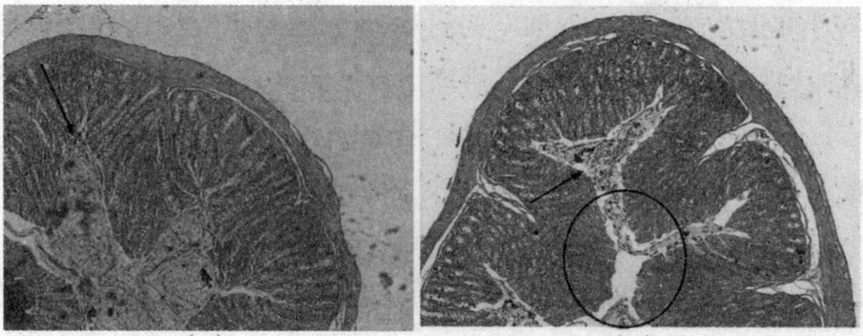

图 5－7　4 组小鼠远端结肠组织微观结构

注:箭头表示黏膜层厚度,圆形表示黏膜浅层。

5.5　讨论

酸马奶可直接刺激肠壁,增加肠兴奋及蠕动,促进肠液分泌和润滑肠腔,使粪块软化,表面润滑而排出。酸马奶刺激肠壁、增加肠蠕动的具体机制是什么?是与其所含的大量乳酸菌有关还是与发酵过程中所产生的微生物代谢产物有关?本书选取了酸马奶发酵过程中乳酸菌相对丰度最高的 36 h 样品和乳酸菌相对丰度虽然低于前者但有机酸、多不饱和脂肪酸、必需氨基酸含量最高的 84 h样品,对便秘小鼠进行了干预试验,研究酸马奶对便秘的缓解效果,为酸马奶酿制和临床应用提供依据。

5.5.1　小鼠体重、进食量、饮水量的变化

第 4 章实验结果显示,盐酸洛哌丁胺可显著降低小鼠体重、进食量,而对饮水量无显著影响。经过长达 20 天的酸马奶干预后,4 组小鼠体重均有不同程度的增加,36 h 酸马奶组和 84 h 酸马奶组小鼠体重虽然未能达到正常组水平,但也与自然恢复组小鼠出现了显著差异,尤其 36 h 酸马奶组小鼠体重在试验第 15 天时就显著高于自然恢复组,且持续至试验结束;84 h 酸马奶组小鼠在试验 20 天时也与自然恢复组出现了显著差异。结果表明,酸马奶可有效恢复便秘小鼠体重。试验期间各组小鼠进食量的测定结果显示,自然恢复组小鼠进食量在

15 天后有小幅度增加，但 36 h 酸马奶组和 84 h 酸马奶组小鼠进食量在 5 天后呈持续增加趋势且试验结束时均显著高于自然恢复组，尤其 36 h 酸马奶组小鼠进食量与自然恢复组出现极显著差异。但是饮水量方面，试验 5 天后 4 组小鼠均未出现显著差异。值得注意的是，在试验第 1 ~ 5 天，36 h 酸马奶组和 84 h 酸马奶组小鼠体重、进食量、饮水量均有不同程度下降，而且 84 h 酸马奶组小鼠进食量、饮水量下降幅度大于 36 h 酸马奶组。分析其原因，可能是酸马奶的酸度较低，对小鼠胃肠道产生了刺激，使其感觉不适，影响了食欲，从而导致以上指标的下降，84 h 酸马奶酸度更大，影响程度更大。

5.5.2 小鼠粪便含水率的变化

便秘的典型症状包括排便次数减少、粪便数量减少、粪便干燥和排便困难等。因此粪便性状不仅成为评估便秘症状的重要指标之一，同时也是临床上评估治疗便秘效果的指数。其中粪便含水率能够表示粪便的干燥程度，直接关系着粪便的软度、粪便在大肠中的传输等。第 4 章研究结果显示，经盐酸洛哌丁胺灌胃后，模型组小鼠粪便含水率显著降低。在持续生理盐水灌胃期间，自然恢复组小鼠粪便含水率虽然呈逐步增加趋势，但始终与正常组小鼠存在显著差异。而 36 h 酸马奶组和 84 h 酸马奶组小鼠粪便含水率在试验第 5 天与正常组之间的显著差异消失，且显著高于自然恢复组。该结果表明，酸马奶可显著提高盐酸洛哌丁胺诱导的便秘小鼠粪便含水率。值得一提的是，部分小鼠在酸马奶灌胃后当天就出现了腹泻现象，尤其 84 h 酸马奶组腹泻情况相较于 36 h 酸马奶组更为严重。此现象持续至试验第 3 天，随后消失。刘忠贤等人在临床上应用酸马奶治疗便秘时也出现此现象，其认为酸马奶类似于神经性泻药，其导泻作用快，共泻下时无腹痛及紧迫感，肠内容物排泄完，泻下即自动停止，但其未给出酸马奶导泻机制，需进一步探索。

5.5.3 小鼠肠道推进率的变化和结肠粪便残留情况

肠运动有三种方式，即张力收缩、分节运动和蠕动，以蠕动推动内容物运动是其主要方式。盐酸洛哌丁胺具有抑制肠蠕动、延长粪便排空时间等作用，因此，第4章中经其诱导的便秘小鼠具有粪便粒数较少、粪便含水率较低、肠道推进率较低等特点，同时经解剖发现，其肠道中残留粪便量显著高于正常组。而在本章研究中，经酸马奶干预后，两组酸马奶组小鼠肠道推进率显著增加，且与自然恢复组小鼠产生显著差异，而与正常组的显著差异消失。观察4组小鼠肠道粪便残留情况后发现，自然恢复组小鼠粪便残留量明显多于正常组，且多数色深、质地较硬；而经酸马奶干预后的两组小鼠粪便残留量明显少于自然恢复组，且色浅、质地较软。该结果表明，酸马奶能够提高由盐酸洛哌丁胺诱导的便秘小鼠肠道推进率，促进肠蠕动，对便秘具有一定的缓解作用。

曹永强等人的研究同样表明，副干酪乳杆菌 N1115 发酵乳能够显著提高由盐酸洛哌丁胺造模的便秘小鼠的肠道推进率，有效改善便秘问题。有研究表明，植物乳杆菌 NCU116 具有通便和促进肠蠕动的作用。Favretto 等人让女性便秘患者每日食用 30 g 富含 *Bifidobacterium lactis* Bi－07 的 Minas Frescal 奶酪长达30天，结果发现该种奶酪可有效改善患者排便情况，包括排便次数和排便习惯。相关研究发现，饮用含有 *Bifidobacterium lactis* DN－173010 的发酵乳1～2周后，女性便秘患者粪便性状、排便次数和排便量等均有所改善。以上诸多研究结果表明，含有益生菌的发酵制品对减轻便秘患者某些症状具有一定的帮助。Marteau 等人认为肠道内缺乏益生菌导致功能性便秘，而适当补充益生菌，能够及时调节和改善肠道菌群失调，防止便秘的发生。

对于益生菌及含益生菌发酵制品改善便秘的可能作用机制，研究者们解释如下：

（1）乳酸菌在体内对葡萄糖进行酵解，产生乳酸、乙酸等有机酸类代谢产物，而这些物质对人体肠壁神经有良好的刺激作用，可促进肠蠕动及增加水分分泌，从而起到通便作用。

（2）乳酸菌代谢产生乳酸及乙酸等，会使肠内保持弱酸性，同时对病原菌具有限制性营养素的竞争能力，可抑制病原菌的生长，调节肠道微生态的组成，形成生物学屏障。

（3）发酵乳中含有益生元，可促进肠道内菌群的生长与活动，改善便秘。

这些机制尚需要进一步研究来证实。

值得注意的是，本书中，36 h 酸马奶组和 84 h 酸马奶组肠道推进率和肠道粪便残留量均无显著差异。该结果说明就促进肠蠕动方面而言，两个不同发酵时间点酸马奶的作用基本一致。

5.5.4 4组小鼠结肠组织病理学观察

第4章研究发现,盐酸洛哌丁胺诱导的便秘小鼠结肠黏膜层明显变薄、黏膜上皮细胞脱落、杯状细胞数量下降,黏膜遭受了不同程度的损伤。为了解36 h酸马奶和84 h酸马奶灌胃后便秘小鼠结肠组织微观结构发生了哪些改变,本章利用苏木素-伊红染色法进行了小鼠远端结肠形态学观察。结果显示,自然恢复组小鼠结肠黏膜层厚度虽然有变厚,但黏膜上皮仍然不完整且细胞排列不整齐,有部分细胞脱落等现象。36 h和84 h酸马奶组小鼠结肠组织形态较干预前均有明显恢复,黏膜层厚度增加较为明显、细胞排列变得均匀,褶皱深度加深,黏膜上皮趋于完整。而36 h和84 h酸马奶组相比较,后者黏膜厚度增加更明显,杯状细胞数量更多,与正常组结肠特征更为接近。该结果表明,酸马奶具有修复结肠黏膜损伤的特性,且酸度、有机酸含量、不饱和脂肪酸含量较高的84 h酸马奶样品的修复能力略高于 *Lactobacillus helueticus* 相对丰度高的36 h酸马奶组。相关研究表明植物乳杆菌NCU116对盐酸洛哌丁胺诱导便秘小鼠结肠黏膜损伤具有一定的修复作用。曹永强等人研究发现,干酪乳杆菌发酵乳能够有效地抑制盐酸洛哌丁胺造成的小鼠结肠黏膜的持续恶化,修复小鼠肠道黏膜,提高肠道黏膜细胞的活性,对缓解小鼠便秘起到一定的作用。对于益生菌或其发酵制品对结肠黏膜的修复作用机制,诸多研究者认为是短链脂肪酸的作用。短链脂肪酸是结肠上皮细胞完整性的必备条件,它们能刺激结肠上皮细胞增殖和分化、修复肠道黏膜,并可作为肠细胞的主要能量来源,调节肠道菌群环境。Akari等人利用大麦膳食纤维和丁酸梭菌(*Clostridium butyricum*)联合作用于结肠炎SD大鼠,相较于单独利用大麦膳食纤维,更有效地抑制了葡聚糖硫酸钠(DSS)诱导结肠炎大鼠结肠黏膜的损伤,并推测其可能的作用机制为丁酸梭菌发酵膳食纤维产生的短链脂肪酸对结肠损伤的保护。Jeon等人的研究表明,大麦膳食纤维发酵乳可有效修复便秘大鼠结肠黏膜,其原因可能与细菌发酵膳食纤维所产生的丁酸有关。综上所述,本书中,酸马奶对便秘小鼠结肠黏膜的修复作用可能与其所含益生菌有关。

5.6 小结

基于本章研究发现,36 h 和 84 h 酸马奶组对盐酸洛哌丁胺诱导便秘小鼠的食欲减弱、体重下降、粪便含水率降低、结肠黏膜受损等症状均有一定程度的缓解作用。首先,酸马奶可有效增加便秘小鼠食欲,进而使便秘小鼠的体重增加幅度大于自然恢复组,而且就这两个指标而言,36 h 酸马奶的作用程度略高于 84 h酸马奶;其次,酸马奶可显著提高盐酸洛哌丁胺诱导便秘小鼠的粪便含水率,使其显著高于自然恢复组,且两个酸马奶组之间无显著差异;再次,墨汁灌胃试验各组小鼠小肠推进率的结果显示,36 h 酸马奶组和 84 h 酸马奶组小鼠肠道推进率显著高于自然恢复组,肠道粪便残留量也明显少于自然恢复组,且 36 h酸马奶组和 84 h 酸马奶组仍然未见显著差异;最后,对小鼠远端结肠形态学观察结果显示,酸马奶组小鼠结肠组织形态较干预前均有明显恢复,黏膜层厚度增加较为明显,细胞排列变得均匀,褶皱深度加深,黏膜上皮趋于完整。在此方面,36 h 和 84 h 酸马奶组相比较,后者黏膜厚度增加更明显,杯状细胞数量更多,与正常组结肠特征更为接近。总之,小鼠便秘模型成功建立,且 36 h 酸马奶组和 84 h 酸马奶组小鼠小肠推进率、粪便含水率等与自然恢复组间差异有统计学意义,可见,酸马奶对便秘模型小鼠具有促进肠蠕动、缓解便秘的作用,但其作用机制尚不清楚,有待进一步试验来证实。

参考文献

[1]陈文彬,潘祥林. 诊断学[M]. 北京:人民卫生出版社,2008.

[2]None. An evidence - based approach to the management of chronic constipation in north America[J]. American Journal of Gastroenterology, 2005, 100(1): 1 - 4.

[3]Seung H J, Dong K Y. The combination of *Cassia obtusifolia* L. and *Foeniculum vulgare* M. exhibits a laxative effect on loperamide - induced constipation of rats [J]. PLoS ONE, 2018, 13(4): 1 - 13.

[4]YIN JIANQIAO, LIANG YICHAO, WANG DALU, et al. Naringenin induces laxa-

tive effects by upregulating the expression levels of c – Kit and SCF, as well as those of aquaporin 3 in mice with loperamide – induced constipation[J]. International Journal of Molecular Medicine, 2018, 41: 649 – 658.

[5] Locke G R, Pemberton J H, Phillips S F. AGA technical review on constipation [J]. Gastroenterology, 2000, 119(6): 1766 – 1778.

[6] XU JIQU, ZHOU XIAOQI, CHEN CHANG, et al. Laxative effects of partially defatted flaxseed meal on normal and experimental constipated mice [J]. BMC Complementary and Alternative Medicine, 2012, 12: 14.

[7] Kartal A M Yalcin M, Citgez B, et al. The effect of chronic constipation on the development of inguinal herniation[J]. Hernia, 2017, 21(4): 531 – 535.

[8] Quigley E M. Probiotics in the management of functional bowel disorders: promise fulfilled? [J]. Gastroenterology Clinics of North America, 2012, 41: 805 – 819.

[9] O'mahony L, Mccarthy J, Kelly P, et al. Lactobacillus and bifidobacterium in irritable bowel syndrome: symptom responses and relationship to cytokine profiles [J]. Gastroenterology, 2005, 128: 541 – 551.

[10] Kassinen A, Krogius – Kurikka L, Mäkivuokko H, et al. The fecal microbiota of irritable bowel syndrome patients differs significantly from that of healthy subjects[J]. Gastroenterology, 2007, 131: 24 – 33.

[11] Urita Y, Goto M, Watanabe T, et al. Continuous consumption of fermented milk containing *Bifidobacterium bifidum* YIT 10347 improves gastrointestinal and psychological symptoms in patients with functional gastrointestinal disorders [J]. Bioscience of Microbiota, Food and Health, 2015, 34: 37 – 44.

[12] Shimoyama T, Takahashi R, Kimura M, et al. Study of the mechanisms of a Japanesetraditional fermented medicine in the improvement of constipation[J]. Journal of Gastroenterology and Hepatology, 2015, 30: 53 – 59.

[13] Dimidi E, Christodoulides S, Fragkos K C, et al. The effect of probiotics on functional constipation in adults: a systematic review and meta – analysis of randomized[J]. American Journal of Clinical Nutrition, 2014, 100: 1075 – 1084.

[14] PAN LINGXIA, FANG XIUJUAN, ZHEN XIN, et al. Encapsulation in alginate – skim milk microspheres improves viability of *Lactobacillus bulgaricus*

in stimulated gastrointestinal conditions[J]. International Journal of Food Sciences and Nutrition,2013,64(3):380-384.

[15]QIAN YU,SUO HUAYI,DU MUYING,et al. Preventive effect of *Lactobacillus fermentum* Lee on activated carbon-induced constipation in mice[J]. Experimental and Therapeutic Medicine,2015,9(1):272-278.

[16]任秀娟,赵一萍,布仁其其格,等. 酸马奶的营养价值和产业化发展探究[J]. 内蒙古科技与经济,2014(3):3-5.

[17]刘忠贤,马丽亚汉. 马奶酒治疗便秘[J]. 中国民间疗法,2000,8(6):27-30.

[18]LI CHUAN,NIE SHAOPING,ZHU KEXUE,et al. Effect of Lactobacillus plantarum NCU116 on loperamide- induced constipation in mice[J]. International Journal of Food Sciences & Nutrition,2015,66(5):533.

[19]Chokhavatia S,John E S,Bridgeman M B. Constipation in elderly patients with noncancer pain:focus on opioid-induced constipation[J]. Drugs and Aging,2016,33(8):557-574.

[20]Choi J S,Kim J W,Kim K Y,et al. Synergistic effect of fermented rice extracts on the probiotic and laxative properties of yoghurt in rats with loperamide-induced constipation[J]. Evidence-Based Complementary & Alternative Medicine,2014,2014:1-12.

[21]曹永强,张健,郑喆,等. 副干酪乳杆菌 N1115 发酵乳对小鼠便秘的改善作用[J]. 食品科学,2018,39(1):185-191.

[22]Favretto D C,Pontin B,Moreira T R. Effect of the consumption of a cheese enriched with probiotic organisms (*Bifidobacterium lactis* bi-07) in improving symptoms of constipation [J]. Arquivos de Gastroenterologia, 2013, 50: 196-201.

[23]YANG YUEXIN,HE MEI,HU GANG,et al. Effect of a fermented milk containing *Bifidobacterium lactis* DN-173010 on Chinese constipated women[J]. World J Gastroenterol,2008,14:6237-6243.

[24]Van der Werf M J,Venema K. Bifidobacteria:genetic modification and the study of their role in the colon[J]. Journal of Agricultural and Food Chemistry,2000,

49(1):378－383.

[25]丁一芮.拉克替醇和婴儿双歧杆菌对便秘大鼠 AQP3 及 ICC 的影响[D].郑州:郑州大学,2016.

[26]宋士良.益生菌在食品中应用状况及安全性评估[J].食品科技,2009,34(7):22－26.

[27]Pruzzo C,Capretti R,Mastrantonioab R. Short chain fatty acids, menaquinones and ubiquinones and their effects on the host[J]. Microbial Ecology in Health and Disease,2000,12(2):209－215.

[28]Topping D L,Clifton P M. Short－chain fatty acids and human colonic function:roles of resistant starch and nonstarch polysaccharides[J]. Physiological Reviews,2001,81(3):1031.

[29]高增兵,余冰,郑萍,等.苯甲酸对仔猪肠道微生物及代谢产物的影响[J].动物营养学报,2014,26(4):1044－1054.

[30]Araki Y,Fujiyama Y,Andoh A,et al. The dietary combination of germinated barley foodstuff plus *Clostridium butyricum* suppresses the dextran sulfate sodium－induced experimental colitis in rats[J]. Scandinavian Journal of Gastroenterology,2000,35(10):1060－1067.

[31]Jeon J R,Choi J H. Lactic acid fermentation of germinated barley fiber and proliferative function of colonic epithelial cells in loperamide－induced rats[J]. Journal of Medicinal Food,2010,13(4):950－960.

第6章　酸马奶对便秘小鼠肠道菌群的影响

6.1　引言

诸多研究结果显示便秘与宿主肠道菌群有关。肠道细菌可以简单分为有益菌、致病菌和条件致病菌。当有益菌和致病菌在肠道内处于动态平衡时，机体就会处于健康状态。但当菌群失衡的时候，便会发生一系列疾病（如腹泻、便秘、肥胖甚至糖尿病）。临床研究结果也显示慢性便秘患者肠道菌群结构有相似的变化规律，即专性厌氧微生物（如 *Lactobacillus* 和 *Bifidobacterium*）相对丰度降低的同时，一些潜在致病菌相对丰度增加。肠道菌群的变化不仅会扰乱肠道生态平衡，甚至会影响肠道动力。随着肠道微生态的持续研究，一些相关研究结果揭示了改善肠道菌群，即肠道微生态的治疗方法，对慢性便秘有显著疗效。其中补充益生菌是治疗便秘的主要微生态治疗方法。Picard 等人和 Szajewska 等人的研究揭示了便秘患者肠道菌群失调可以由益生菌来进行调节。应用益生菌的临床试验也获得了理想的结果，支持了益生菌干预是改善便秘的可行方法。目前，研究较多的益生菌主要包括 *Lactobacillus*、*Bifidobacterium*、*Enterococcus* 等。随着相关研究的进行，益生菌发酵乳在肠道疾病的预防和治疗方面的研究也有了一定进展。

酸马奶疗法是采用富含乳酸菌和酵母菌的发酵马乳对某些疾病进行预防或治疗，现代医学也十分关注酸马奶的医疗保健作用。临床研究表明，饮用酸马奶可有效缓解便秘症状。在第 5 章的研究中也发现 36 h 酸马奶组和 84 h 酸马奶组对盐酸洛哌丁胺诱导便秘小鼠的食欲减弱、体重下降、粪便含水率降低、结肠黏膜受损等症状均有一定程度的改善作用，可有效促进肠蠕动，缓解便秘。但其缓解机制尚不清楚。这些作用是否与肠道菌群改变有关？是否增加了肠道中短链脂肪酸（SCFA）含量？36 h 酸马奶组和 84 h 酸马奶组之间是否有差异？

为回答以上疑问，且探索其可能的缓解机制，本章采用 Illumina MiSeq 第二代高通量测序技术，分析了 36 h、84 h 酸马奶样品干预后，正常组、自然恢复组、36 h 酸马奶组和 84 h 酸马奶组小鼠肠道菌群结构相对丰度水平，测定了各组小鼠肠道中短链脂肪酸含量，以期为深入研究其缓解机制奠定基础，也为酸马奶的生产及临床应用提供数据支持。

6.2 试验材料

6.2.1 主要试剂

Miseq Reagent Kit v3、Agencourt AMPure XP 核酸纯化磁珠、TopTaq DNA Polymerase kit、FastDNA © Spin Kit for Soil、无水乙醇。

6.2.2 主要仪器设备

紫外分光光度计、生物分析仪、Illumina MiSeq Benchtop Sequencer、高速冷冻离心机、旋涡混合器、恒温水浴锅、气相色谱仪等。

6.3 试验方法

6.3.1 试验样本

灌胃结束后，将每只小鼠单独置于鼠笼中，收集 6 h 内所有新鲜粪便，均匀分成两份，置于带盖离心管中，立即液氮速冻后放入 -80 ℃保存，最大程度降低粪便成分及 DNA 降解对试验结果造成的影响。其中一份用于测定粪便菌群结构，另一份用于测定短链脂肪酸。

6.3.2 肠道微生物多样性分析

6.3.2.1 宏基因组 DNA 的提取

将各酸马奶样品在室温充分融化，使用相应试剂盒抽提宏基因组 DNA。

6.3.2.2 宏基因组 DNA 质量检测

对于抽提完的宏基因组 DNA，利用紫外分光光度计检测其质量（浓度≥20 ng/μL，总量≥500 ng，$OD_{260}/OD_{280}=1.8\sim2.0$），同时利用 1% 琼脂糖凝胶电泳检测其完整性。

6.3.2.3 目的区域检测扩增

以提取的宏基因组 DNA 为模板，使用 16S rRNA V3 - V4 区特异引物 341F（5′ - CCTACGGGNGGCWGCAG - 3′）和 805R（5′ - GACTACHVGGGTATCTAATCC - 3′），并采用高效和高保真酶进行 PCR 扩增，设置 3 个重复试验，同时以标准细菌基因组 DNA 混合物作为阳性对照。扩增条件为：

94 ℃ 2 min

94 ℃ 30 s
55 ℃ 30 s
72 ℃ 1 min
72 ℃ 10 min
} 25 个循环

4 ℃

6.3.2.4 PCR 产物的混样和纯化

PCR 产物进行 1% 琼脂糖凝胶电泳检测。将同一样本的 3 个平行扩增产物混合，每个样本加入等体积的 Agencourt AMPure XP 核酸纯化磁珠对产物进行纯化。

6.3.2.5 各样本添加特异性标签序列

利用带有 index 序列的引物，通过高保真 PCR 向文库末端引入特异性标签序列。此处采用 8 个循环数的 PCR 程序。扩增后产物进行 1% 琼脂糖凝胶电泳检测，应用核酸纯化磁珠对扩增产物进行纯化，即可得到各样本的原始文库。

6.3.2.6 文库进行定量及混合

根据琼脂糖凝胶电泳的初步定量结果，对带有各自 index 序列的样本文库浓度进行适当稀释，利用 Qubit 对文库进行精确定量，根据不同样本的测序通量要求，按相应比例（物质的量之比）混合样品。

6.3.2.7 文库质量检测

混样后的文库检测插入片段的大小，确认在 120 ~ 200 bp 之间无非特异性扩增，并准确定量测序文库浓度。

6.3.2.8 Illumina MiSeq 上机测序

采用 Illumina MiSeq 平台、2 × 250 bp 的双末端测序策略对文库进行测序，后续进行生物信息学分析。

6.3.2.9 高质量序列筛选

测序得到的原始数据中，存在一定比例的干扰数据，为了得到高质量的测序数据，以提高后续生物信息学分析的准确性、可靠性，首先对原始数据进行拼接、过滤，得到质量和可信度较高的优化序列。主要步骤如下：

a. 使用 Trim Galore 软件去除序列末端质量低于 20 bp 的序列，并去除可能包含的 adapter 序列，之后去除长度小于 100 bp 的短序列。

b. 使用 Flash2 软件将双末端测序得到的成对序列进行拼接，得到 merge 序列，进一步去除 merge 后低质量序列（超过 90% 的碱基质量低于 20 bp）。

c. 使用 Mothur 软件查找并去除序列中的引物，删除包含 N 碱基/homopolymer 超过 6 bp 的序列。

d. 使用 Usearch 去除总碱基错误率大于 2 的序列以及长度小于 100 bp 的序列，得到质量和可信度较高的优化序列，该数据将用于后续生物信息学分析。

6.3.2.10　生物信息学处理

对优化序列在 97% 水平上进行 OTU 聚类，并利用 Mothur 软件将每条 OTU 代表序列与数据库进行比对，从而完成 OTU 的物种注释。通过对 OTU 进行相对丰度、α 多样性、β 多样性以及物种在各个分类水平上的群落结果统计分析，得到菌群结构组成，同时采用 R 语言 cor( ) 函数包计算物种与环境因子间 Spearman 相关系数。

6.3.3　小鼠粪便中短链脂肪酸的测定

6.3.3.1　粪便样品前处理

准确称取 100 mg 粪便样品，置于 5 mL 离心管中，加入 3 mL 1 mmol/L HCl 混合均匀后，在冰水浴中超声提取 10 min，10 000 g 4 ℃离心 15 min，取 1 mL 上清液于 5 mL 干净试管中，以 1∶1 的比例加入乙酸乙酯提取，将提取液用 0.22 μm 滤膜过滤后注入气相色谱仪中分析。

6.3.3.2　气相色谱检测

采用配有氢火焰检测器（FID）的气相色谱仪进行检测。载气为氮气，恒压，线速度 2 mL/min；进样口温度为 230 ℃，进样体积 1 μL，分流比 1∶1；柱温箱温度初始为 90 ℃，保持 2 min，以 20 ℃/min 的速率升温到 150 ℃，以 5 ℃/min 的速率升温到 180 ℃，保持 1 min，运行时间为 10 min；检测器温度为 250 ℃，气体设置为氢气 40 mL/min、空气 450 mL/min、尾吹气 30 mL/min。

6.3.4　统计学分析

各试验组数据以平均数 ± 标准差表示，采用 SPSS 17.0 软件进行数据统计分析。$P < 0.05$ 表示组间具有显著差异，具有统计学意义。

6.4 结果与分析

6.4.1 酸马奶对便秘小鼠肠道菌群结构的影响

本书选取正常组、自然恢复组、36 h 酸马奶组和 84 h 酸马奶组各 10 只小鼠灌胃试验最后一天粪便样品，分别命名为正常组（N-1~N-10）、自然恢复组（C-1~C-10）、36 h 酸马奶组（36 h-1~36 h-10）和 84 h 酸马奶组（84 h-1~84 h-10），分析其中的菌群结构。

6.4.1.1 序列信息、OTU 数统计及物种注释分析

采用 Illumina Miseq 第二代高通量测序技术进行测定，40 份粪便样品共产生 5 162 006 条原始序列，对其进行长度和质量的删选，去掉低质量序列和含 N 序列后，共得到 4 406 227 条高质量优化 16S rRNA 序列。各样品所产生的原始序列和优化序列数见表 6-3。将以上所得序列以 97% 的相似度进行聚类，相似度大于 97% 的序列聚为同一个 OTU，同时，使用 denovo 模式去除嵌合体序列，最终产生 769 个 OTU。各组小鼠粪便样品中平均 OTU 数见图 6-1。比较发现，4 组小鼠中，自然恢复组小鼠粪便样品中平均 OTU 数最高，为 464.6，但与正常组和 84 h 酸马奶组差异不显著（$P>0.05$），然而 36 h 酸马奶 OTU 数为 407.6，显著低于其他 3 组。每个样品 OTU 聚类后结果见表 6-3。OTU 聚类后将每条 OTU 代表序列与数据库进行比对从而完成 OTU 的分类学注释。使用 Mothur 软件找出与 OTU 序列相似度最高且可信度达 80% 以上的物种信息用于 OTU 的注释，尽可能地确定每个 OTU 的最低分类学地位。40 个粪便样品在各分类水平上的 OTU 数见表 6-1。

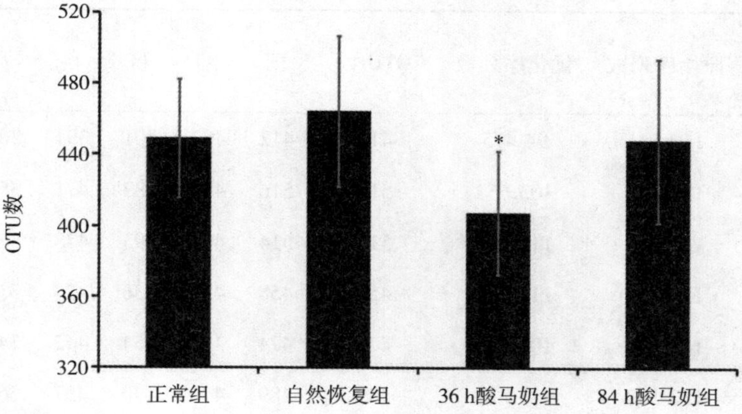

图 6－1　4 组小鼠 OUT 数

注：图中“＊”表示相较于自然恢复组差异显著($P<0.05$)。

表 6－1　各粪便样品 16S rRNA 测序情况及各分类水平上的 OTU 数

样品编号	原始序列数	优化序列数	OTU 数	门	纲	目	科	属	种
N－1	129 005	110 605	431	431	420	418	408	326	431
N－2	114 550	98 774	395	395	385	385	371	295	395
N－3	130 928	112 166	495	495	479	475	463	366	495
N－4	128 007	108 428	481	481	464	460	447	352	481
N－5	123 168	105 657	470	470	454	451	438	346	470
N－6	128 959	110 262	470	470	451	450	436	350	470
N－7	146 529	123 487	467	467	450	448	434	344	467
N－8	142 869	121 088	455	455	436	434	419	331	455
N－9	129 851	111 744	416	416	399	397	384	312	416
N－10	117 981	98 769	414	414	400	398	385	311	414
C－1	107 338	91 565	399	399	385	385	371	296	399
C－2	130 117	110 902	434	434	417	414	403	314	434

续表

样品编号	原始序列数	优化序列数	OTU 数	门	纲	目	科	属	种
C-3	110 541	94 475	412	412	403	401	391	304	412
C-4	120 468	103 653	516	516	490	487	471	367	516
C-5	129 076	110 637	514	514	496	493	478	369	514
C-6	132 206	112 745	458	458	439	436	424	333	458
C-7	118 633	101 509	474	474	457	454	442	347	474
C-8	132 112	113 322	489	489	470	470	457	360	489
C-9	157 458	134 404	443	443	424	422	407	321	443
C-10	168 359	142 810	507	507	487	485	470	368	507
36 h-1	135 690	114 349	397	397	375	371	361	294	397
36 h-2	121 671	103 599	451	451	428	426	410	333	451
36 h-3	131 511	113 207	426	426	410	408	393	318	426
36 h-4	112 560	95 627	416	416	393	391	378	309	416
36 h-5	114 038	98 374	417	417	408	406	397	315	417
36 h-6	133 919	113 270	407	407	396	396	384	305	407
36 h-7	117 260	100 656	449	449	433	430	419	339	449
36 h-8	117 591	100 540	337	337	336	335	324	254	337
36 h-9	126 788	108 878	367	367	362	360	349	285	367
36 h-10	136 380	115 686	409	409	394	391	377	305	409
84 h-1	145 292	123 452	404	404	393	392	378	300	404
84 h-2	165 981	141 376	385	385	372	370	357	290	385
84 h-3	160 981	137 907	464	464	447	444	430	337	464
84 h-4	116 138	99 920	454	454	439	436	424	335	454
84 h-5	117'013	99 361	463	463	442	440	426	332	463
84 h-6	138 758	119 042	484	484	465	462	448	349	484

续表

样品编号	原始序列数	优化序列数	OTU 数	门	纲	目	科	属	种
84 h-7	112 175	96 622	499	499	479	477	462	373	499
84 h-8	116 470	98 601	493	493	473	471	453	359	493
84 h-9	112 346	96 899	369	369	360	358	347	272	369
84 h-10	131 283	111 859	468	468	452	450	432	351	468

6.4.1.2　α 多样性分析

在上述 OTU 的基础上，计算 Chao1 指数、ACE 指数、香农指数和辛普森指数，来分析各样品的多样性。样品的多样性指数分为物种丰度和物种多样性，其中能够反映物种丰度的指数为 Chao 指数和 ACE 指数，香农指数和辛普森指数则代表物种多样性，不仅反映物种丰度也反映物种的均匀度，在物种丰度相同的情况下，群落中各物种均匀度越大，则其群落的多样性越大。4 组小鼠粪便样品中菌群丰度的比较结果如图 6-2(a)所示，由图可知，36 h 酸马奶样品中菌群丰度(即其所含物种总数目)最低，且与正常组和自然恢复组相较具有显著差异($P<0.05$)，而与 84 h 酸马奶组间无显著差异。4 组小鼠粪便样品菌群多样性的比对结果见图 6-2(b)和(c)。由图可知，4 组小鼠平均多样性指数为：正常组 > 自然恢复组 >36 h 酸马奶组 >84 h 酸马奶组，其中 36 h 酸马奶与正常组差异显著($P<0.05$)。综合各项指数，36 h 酸马奶组的菌群丰度和多样性均较低，而其余 3 组菌群丰度和多样性较接近。40 只小鼠粪便样品菌群 α 多样性指数详见表 6-2。

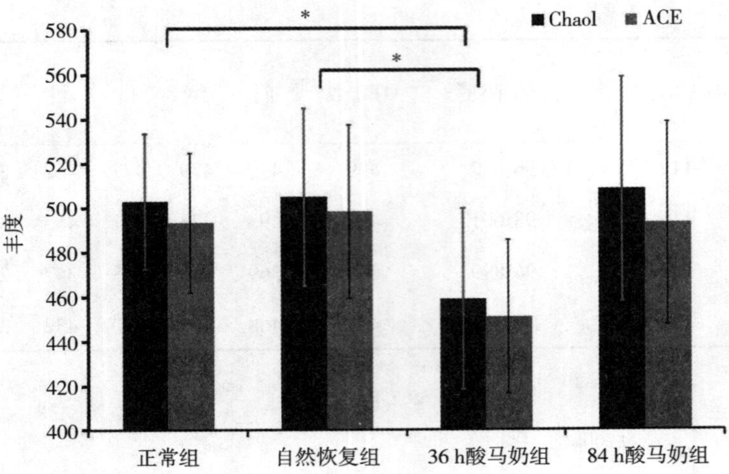
Chaol
ACE
580
560
540
520
500
480
460
440
420
400
丰度
*
*
正常组
自然恢复组
36 h酸马奶组
84 h酸马奶组

(a)

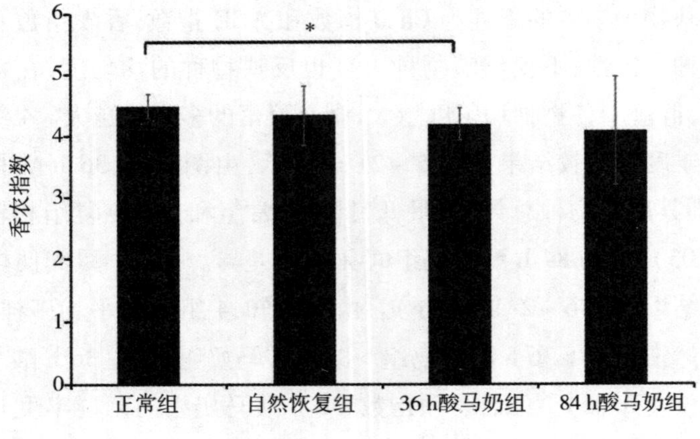
6
5
4
3
2
1
0
香农指数
*
正常组
自然恢复组
36 h酸马奶组
84 h酸马奶组

(b)

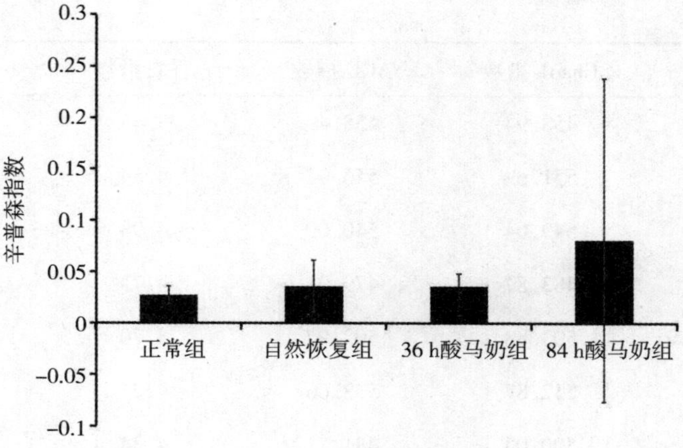

(c)

图 6－2　四组小鼠 α 多样性指数

注：(a)为 Chao1 和 ACE 指数，(b)为香农指数，(c)为辛普森指数，

"＊"表示两组间差异显著($P<0.05$)。

表 6－2　各粪便样品 α 多样性指数统计表

样品编号	Chao1 指数	ACE 指数	香农指数	辛普森指数
N－1	504.70	490.13	4.40	0.03
N－2	491.60	456.83	4.07	0.04
N－3	549.49	545.60	4.57	0.02
N－4	511.95	513.33	4.52	0.02
N－5	525.03	515.53	4.50	0.03
N－6	519.50	501.68	4.79	0.02
N－7	517.09	512.18	4.35	0.04
N－8	506.04	492.85	4.38	0.03
N－9	450.50	456.81	4.68	0.02
N－10	455.25	448.29	4.57	0.02
C－1	441.43	442.28	4.25	0.03
C－2	477.00	461.69	4.28	0.03

续表

样品编号	Chao1 指数	ACE 指数	香农指数	辛普森指数
C-3	458.94	458.49	3.45	0.08
C-4	551.69	546.97	4.84	0.02
C-5	549.04	540.00	4.93	0.01
C-6	483.87	479.01	4.73	0.02
C-7	503.88	502.97	3.70	0.08
C-8	532.87	532.66	4.21	0.04
C-9	500.03	481.71	4.34	0.02
C-10	550.75	538.59	4.58	0.03
36 h-1	447.57	445.24	3.68	0.06
36 h-2	506.19	495.56	4.44	0.02
36 h-3	457.94	456.71	4.33	0.03
36 h-4	498.50	457.58	4.30	0.03
36 h-5	468.11	463.11	4.12	0.05
36 h-6	452.92	455.37	4.11	0.04
36 h-7	510.22	495.31	4.49	0.02
36 h-8	375.33	375.20	3.95	0.04
36 h-9	428.22	426.21	4.03	0.04
36 h-10	444.04	439.05	4.40	0.03
84 h-1	433.12	437.36	4.30	0.03
84 h-2	438.12	412.84	4.11	0.04
84 h-3	496.76	496.27	4.43	0.03
84 h-4	513.40	500.30	4.44	0.03
84 h-5	526.00	510.68	4.27	0.03
84 h-6	537.32	529.06	4.28	0.04
84 h-7	570.87	541.86	4.62	0.02

续表

样品编号	Chao1 指数	ACE 指数	香农指数	辛普森指数
84 h - 8	582.38	546.86	4.55	0.02
84 h - 9	470.53	448.45	1.63	0.51
84 h - 10	513.92	504.64	4.09	0.04

在高通量测序中，只有尽可能多地产出序列，才能尽可能多地捕获样品中细菌多样性信息。本书在上述 α 多样性指数的基础上，绘制稀释性曲线和香农指数曲线，对本书所产生的测序量是否充足、是否满足后续生物信息学分析要求等进行了评价。其结果表明，尽管 40 个粪便样品的稀释性曲线未能进入平台期，但均趋于平缓，可认为测序深度已经基本覆盖样品中所有物种。同时绘制的香农指数曲线已经饱和，说明尽管随着测序量的增加，新的 OTU 可能会产生，即新的种系型可能会被发现，但是样本微生物的多样性已经不再随之发生变化，因而该测序数据量可以反映样本绝大多数的微生物信息，可满足后续分析的需要。

6.4.1.3　4 组小鼠粪便样品中菌群结构分析

通过将上述获得的 OTU 与数据库比对，在相同分类等级进行分类并注释，得到物种注释柱状图，可直观展示在不同分类等级下不同物种在样品中所占的比例。

(1)基于门分类水平的分析

经鉴定，40 个粪便样品中，除了不确定的细菌门，共鉴定出 11 个门，分别为拟杆菌门、厚壁菌门、变形菌门、放线菌门、Candidatus Saccharibacteria、柔膜菌门(Tenericutes)、脱铁杆菌门(Deferribacteres)、螺旋体门(Spirochaetes)、蓝藻门/绿弯菌门(Cyanobacteria/Chloroplast)、梭杆菌门(Fusobacteria)和疣微菌门(Verrucomicrobia)(见图 6 - 3)。其中在 4 组样品中相对丰度均大于 1% 的为拟杆菌门、厚壁菌门、变形菌门和柔膜菌门。作为 4 组小鼠粪便中的优势菌群，厚壁菌门和拟杆菌门相对丰度累积可达 85% 以上，且两者相对丰度之比(即厚壁菌门/拟杆菌门)为自然恢复组(1.25) < 正常组(1.36) < 36 h 酸马奶组(1.365) < 84 h酸马奶组(2.97)，但各组间差异无统计学意义，详见图 6 - 4。值得注意的

是,84 h 酸马奶组中有 1 只小鼠粪便样品中厚壁菌门与拟杆菌门相对丰度之比高达 13.60,与其他 39 只小鼠出现极大区别。

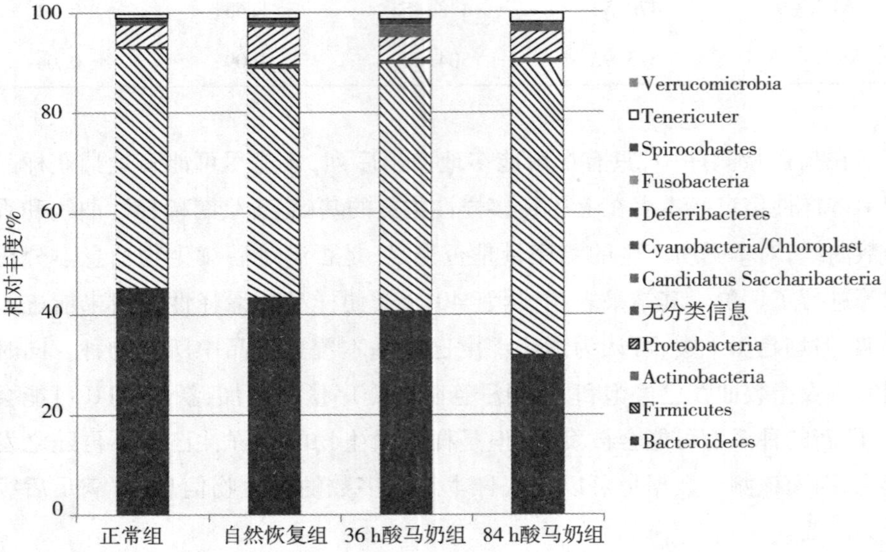

图 6-3 4 组小鼠粪便样品在门水平上的物种相对丰度柱状图

自然恢复组小鼠粪便中变形菌门相对丰度(均值 7.57%)高于其他 3 组均值(正常组为 4.13%,36 h 酸马奶组为 4.2%,84 h 酸马奶组为 5.53%),但无统计学差异。

由图 6-5(a)可知,84 h 酸马奶组放线菌门相对丰度(0.96% ±0.74%)显著高于正常组(0.23% ±0.07%)和自然恢复组(0.25% ±0.13%),而与 36 h 酸马奶组(0.55% ±0.56%)无显著差异。比较 4 组小鼠粪便样品中脱铁杆菌门的相对丰度可知,36 h 酸马奶组和 84 h 酸马奶组相对丰度(0.19% ±0.12% 和 0.15% ±0.14%)分别显著和极显著低于正常组(0.66% ±0.55%),见图 6-5(b)。在门分类水平上,4 组未鉴定出的序列含量低于 0.1%,表明各样品的绝大部分序列在门水平上可被注释分类。

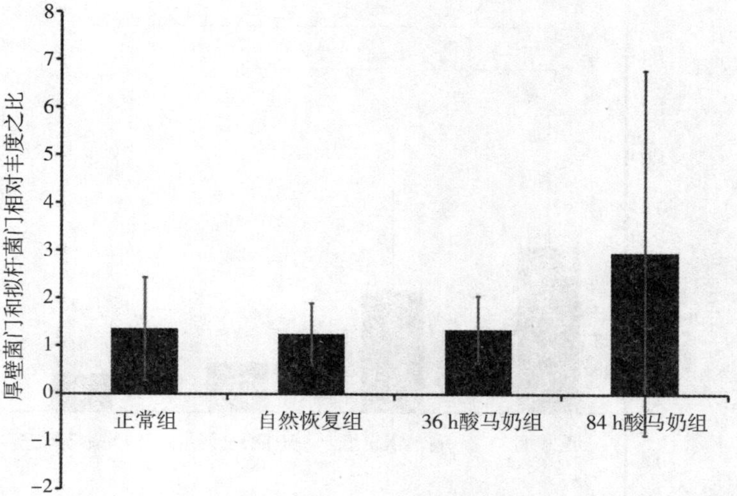

图6－4　4组小鼠粪便样品中厚壁菌门和拟杆菌门相对丰度之比

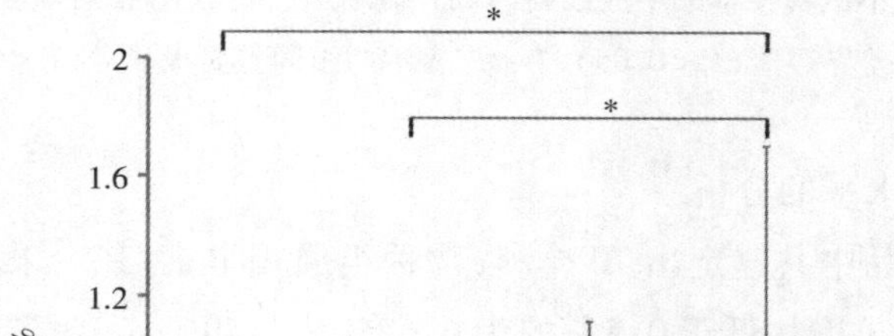

（a）

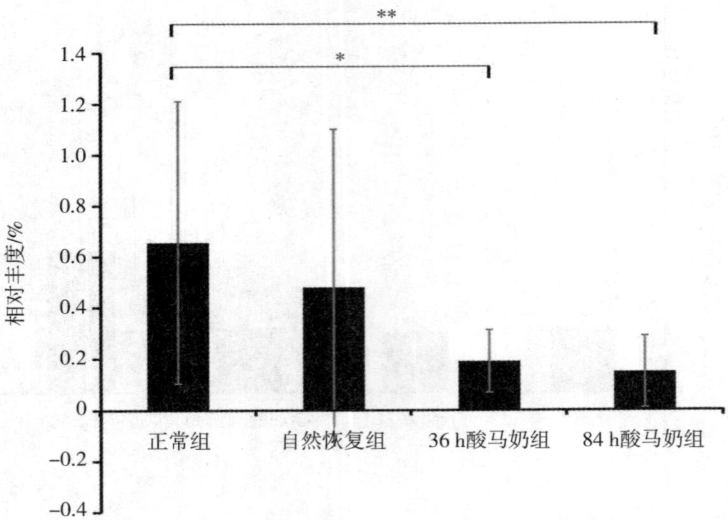

（b）

图 6－5　4 组小鼠粪便样品中放线菌门（a）和脱铁杆菌门（b）相对丰度

注："＊"表示两组间差异显著（$P<0.05$），"＊＊"表示两组间差异极显著（$P<0.01$）。

（2）基于科分类水平的分析

4 组小鼠粪便样品中共鉴定出 70 个科，物种组成较丰富，其中未分类到科水平的和 4 组中相对丰度均低于 0.5% 的为 6.62% ±1.49%，表明各组粪便样品中绝大部分序列在科水平可被注释分类。4 组小鼠中相对丰度均大于 1% 的细菌科有拟杆菌科（Bacteroidaceae）、紫单胞菌科（Porphyromonadaceae）、普雷沃氏菌科（Prevotellaceae）、理研菌科（Rikenellaceae）、乳杆菌科（Lactobacillaceae）、毛螺菌科（Lachnospiraceae）、疣微菌科（Ruminococcaceae）、螺杆菌科（Helicobacteraceae）和厌氧支原体科（Anaeroplasmataceae）。

在科的分类水平上，各组间菌群结构存在一定的差异。经统计学分析可知，以下菌科在试验组间存在显著差异：

A. Bacteroidaceae 和 Porphyromonadaceae 均与拟杆菌门相对应，其中 84 h 酸马奶组中 Bacteroidacea 的相对丰度（3.60% ±4.72%）显著低于正常组（10.27% ±6.04%）和 36 h 酸马奶组（10.81% ±7.24%）（$P<0.05$），而自然恢复组（6.62% ±4.67%）与其他各组无显著差异（$P>0.05$），见图 6－6（a）；自然恢复组中 Porphyromonadaceae 的相对丰度（24.53% ±5.94%）显著高于其他 3

组(正常组 15.60% ±6.40%、36 h 酸马奶组 17.96% ±5.91%、84 h 酸马奶组 17.19% ±6.39%),见图 6-6(b)。

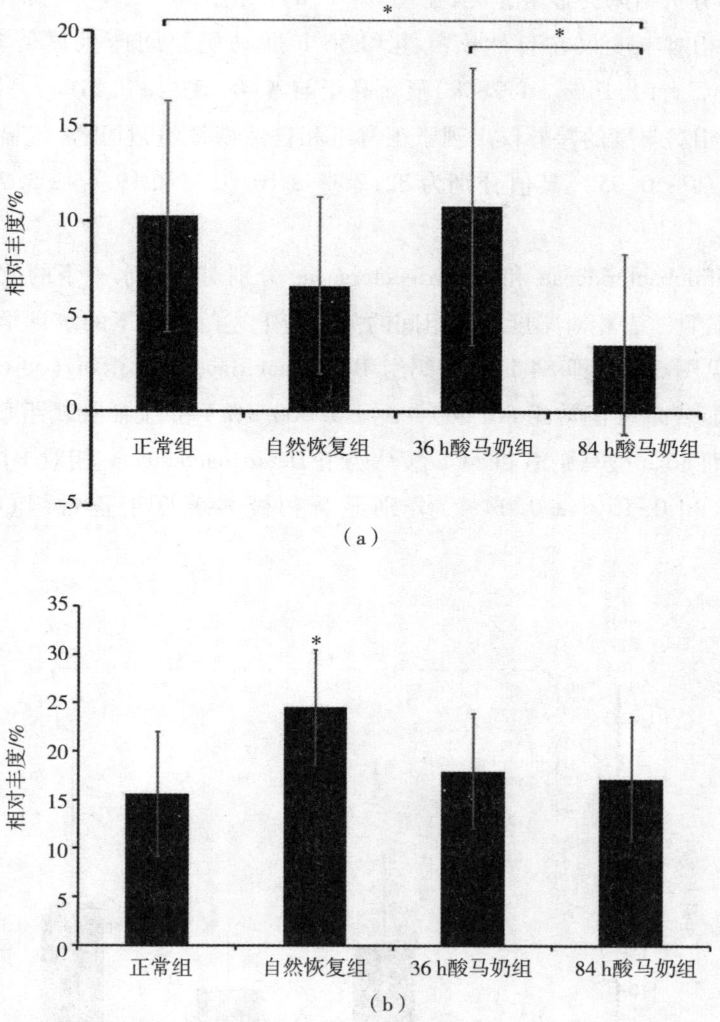

图 6-6　4 组小鼠粪便样品中 Bacteroidaceae(a)和 Porphyromonadaceae(b)相对丰度

注:图(a)中"*"表示两组间差异显著($P<0.05$),

图(b)中"*"表示相较于其他 3 组差异显著($P<0.05$)。

B. Lactobacillaceae、Streptococcaceae、Lachnospiraceae 均与门水平的厚壁菌

门相对应，其中 Lactobacillaceae 的相对丰度在正常组和自然恢复组间产生了显著差异（$P<0.05$），且前者（3.78% ±3.76%）显著低于后者（15.49% ±12.28%）；虽然 84 h 酸马奶组 Lactobacillaceae 的相对丰度均值高于其他 3 组，但统计学分析结果无显著差异，见图 6－7(a)。由图 6－7(b)可知，Streptococcaceae 的相对丰度仅在自然恢复组和 36 h 酸马奶组间产生显著差异（$P<0.05$），且后者（1.16% ±1.28%）显著高于前者（0.21% ±0.21%）。Lachnospiraceae 的相对丰度的差异仅出现于正常组和自然恢复组，且正常组显著高于自然恢复组（$P<0.05$），其值分别为 32.28% ±10.01% 和 19.66 ±5.75%，见图 6－7(c)。

C. Bifidobacteriaceae 和 Deferribacteraceae 分别对应门水平下的放线菌门和脱铁杆菌，且二者相对丰度在各组间的关系与上述门水平下的统计学分析结果一致，可见图 6－8，即 84 h 酸马奶组 Bifidobacteriaceae 的相对丰度（0.38% ±0.43%）显著高于正常组（0.000 4% ±0.000 8%）和自然恢复组（0.03% ±0.1%），而 36 h 酸马奶组和 84 h 酸马奶组 Deferribacteraceae 相对丰度（0.19% ±0.12% 和 0.15% ±0.14%）分别显著和极显著低于正常组（0.66% ±0.55%）。

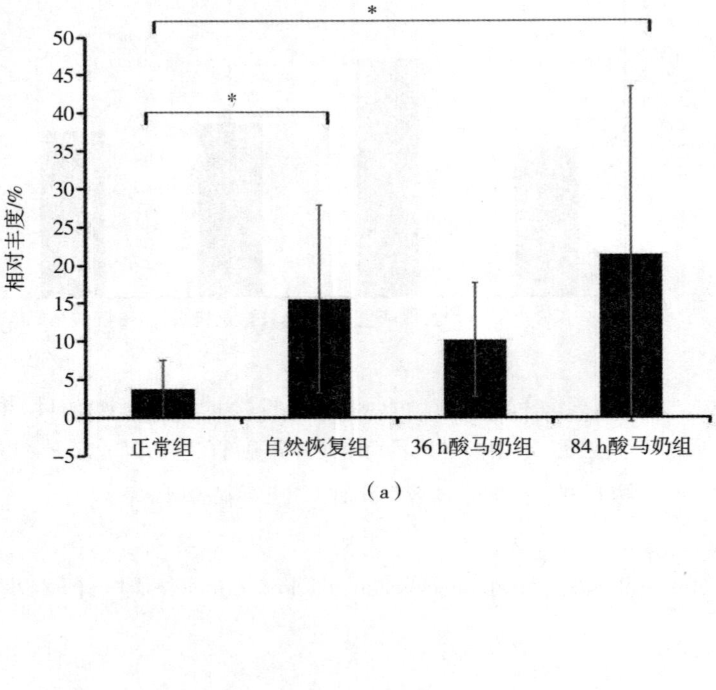

(a)

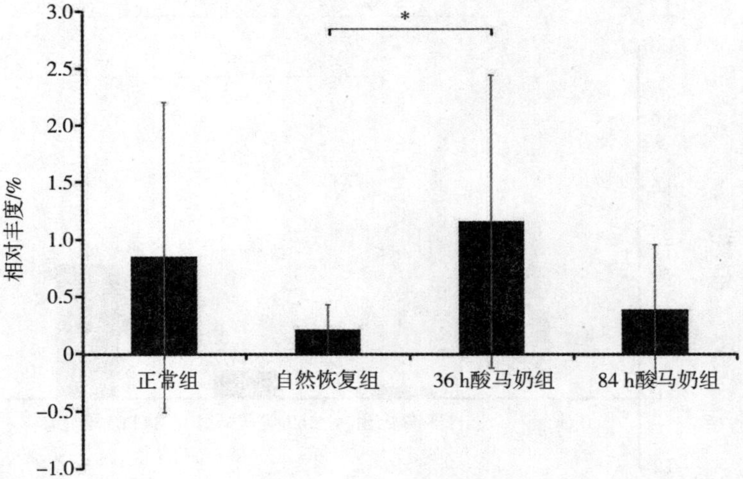

（b）

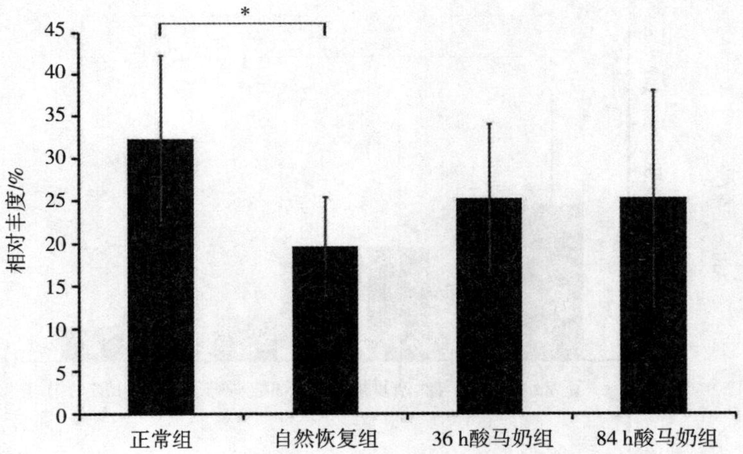

（c）

图 6－7 4 组小鼠粪便样品中 Lactobacillaceae(a)、Streptococcaceae(b)**和** Lachnospiraceae(c)**相对丰度**

注：图中“＊”表示两组间差异显著($P<0.05$)。

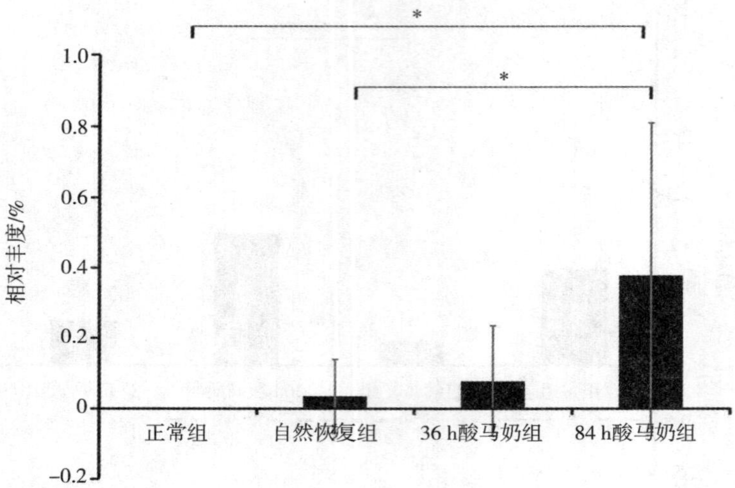

(a)

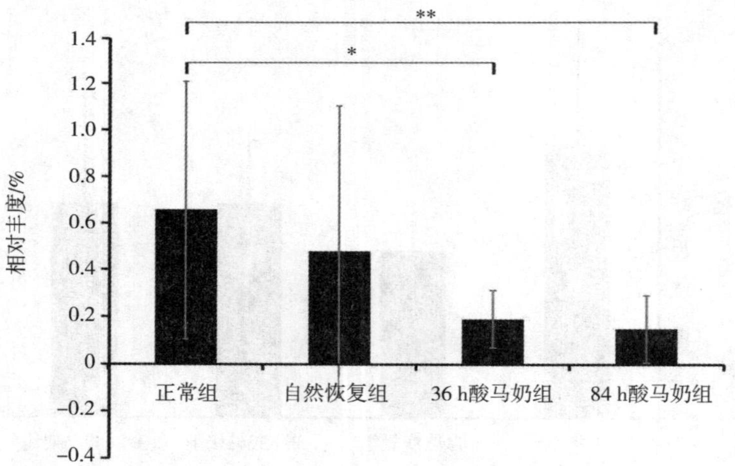

(b)

图6-8 4组小鼠粪便样品中 Bifidobacteriaceae(a)**和** Deferribacteraceae(b)**相对丰度**

注:“*”表示两组间差异显著($P<0.05$),“**”表示两组间差异极显著($P<0.01$)。

(3)基于属分类水平的分析

4组小鼠粪便样品中共鉴定出127个属,其中未分类到属水平和相对丰度均低于0.5%的序列占25%~30%,表明各组粪便样品中绝大部分序列仍可在属水平被注释分类,而在种水平该值接近一半,因此属为最小的分类水平。

4 组小鼠粪便样品中相对丰度均大于 1% 且被成功注释分类的细菌属有 *Bacteroides*、*Barnesiella*、*Odoribacter*、*Alloprevotella*、*Alistipes*、*Rikenella*、*Lactobacillus*、*Eisenbergiella*、*Oscillibacter*、*Helicobacter*、*Anaeroplasma*。

现将 4 组样品中所有细菌属相对丰度绘制成柱状图,结果如图 6－9 所示。经统计学分析可知,各组间大部分细菌属相对丰度未见显著差异,而存在显著差异的有以下几个属,现分析如下:

(1)*Bacteroides* 和 Uncultured_*Porphyromonadaceae*(未成功注释到属水平的一个属,此为暂命名)均与拟杆菌门下的 Bacteroidaceae 和 Porphyromonadaceae 相对应,且 4 组间 *Bacteroides* 相对丰度的关系与科水平下的统计学分析结果一致,见图 6－10(a)。而 Porphyromonadaceae 共鉴定出 5 个属,且其中 Uncultured_*Porphyromonadaceae* 存在统计学差异,即自然恢复组中相对丰度(4.10% ±1.87%)显著高于正常组(2.25% ±1.63%),同时极显著高于 36 h 酸马奶组(1.32% ±1.20%)和 84 h 酸马奶组(1.48% ±1.15%),见图 6－10(b)。

(2)*Lactobacillus* 与厚壁菌门下 Lactobacillaceae 相对应,且 4 组中该属相对丰度的关系与上述科水平下 Lactobacillaceae 的分析结果一致,见图 6－11(a);*Lactococcus* 和 *Streptococcus* 与厚壁菌门下 Streptococcaceae 相对应,其中 84 h 酸马奶组中 *Lactococcus* 的相对丰度(0.069% ±0.096%)显著高于正常组(0.005% ±0.006%)和 36 h 酸马奶组(0.000 5% ±0.000 8%),而 36 h 酸马奶组中 *Streptococcus* 的相对丰度(1.16% ±1.28%)显著高于自然恢复组(0.19% ±0.22%)和 84 h 酸马奶组(0.32% ±0.50%),见图 6－11(b)与(c)。Lachnospiraceae 中共鉴定出 11 个属,其中被成功注释分类至属水平的 *Clostridium*_XlVb、*Roseburia* 和未被成功注释分类至属水平的一种属(暂命名为 Uncultured_*Lachnospiraceae*)在各组间出现显著差异,如图 6－11(d)、(e)、(f)所示:36 h 酸马奶组中 *Clostridium*_XlVb 的相对丰度(0.32% ±0.29%)显著低于正常组(0.97% ±0.52%);自然恢复组中 *Roseburia* 的相对丰度(0.13% ±0.13%)显著低于正常组(0.42% ±0.31%)和 36 h 酸马奶组(0.59% ±0.61%);Uncultured_*Lachnospiraceae* 在正常组和自然恢复组间产生显著差异,且前者显著高于后者(分别为 13.16% ±7.64% 和 7.13% ±2.54%)。厚壁菌门下的 Ruminococcaceae 共鉴定出 10 个属,其中 *Ruminococcus*、*Oscillibacter* 和 *Anaerotruncus* 3 个属在各组间存在显著差异,如图 6－11(a)、(b)、(c)所示:自然恢复组中 *Rumi-*

nococcus 的相对丰度(0.53% ±0.59%)显著高于其他3组(正常组0.13% ±0.25%、36 h 酸马奶组 0.000 2% ±0.000 5%、84 h 酸马奶组 0.06% ±0.07%),且36 h 酸马奶组和84 h 酸马奶组间也存在显著差异;正常组中 *Oscillibacter* 的相对丰度(2.23% ±1.11%)显著高于36 h 酸马奶组(1.05% ±0.65%)和84 h 酸马奶组(1.09% ±0.70%);正常组中 *Anaerotruncus* 的相对丰度(0.79% ±0.42%)显著高于其他3组(自然恢复组0.31% ±0.20%、36 h 酸马奶组0.33% ±0.26%、84 h 酸马奶组0.22% ±0.18%)。

(3) *Bifidobacterium* 和 *Mucispirillum* 分别对应 Bifidobacteriaceae 和 Deferribacteraceae 两科,且二者相对丰度在各组间产生的关系与上述科水平下的统计学分析结果一致,见图6-12。

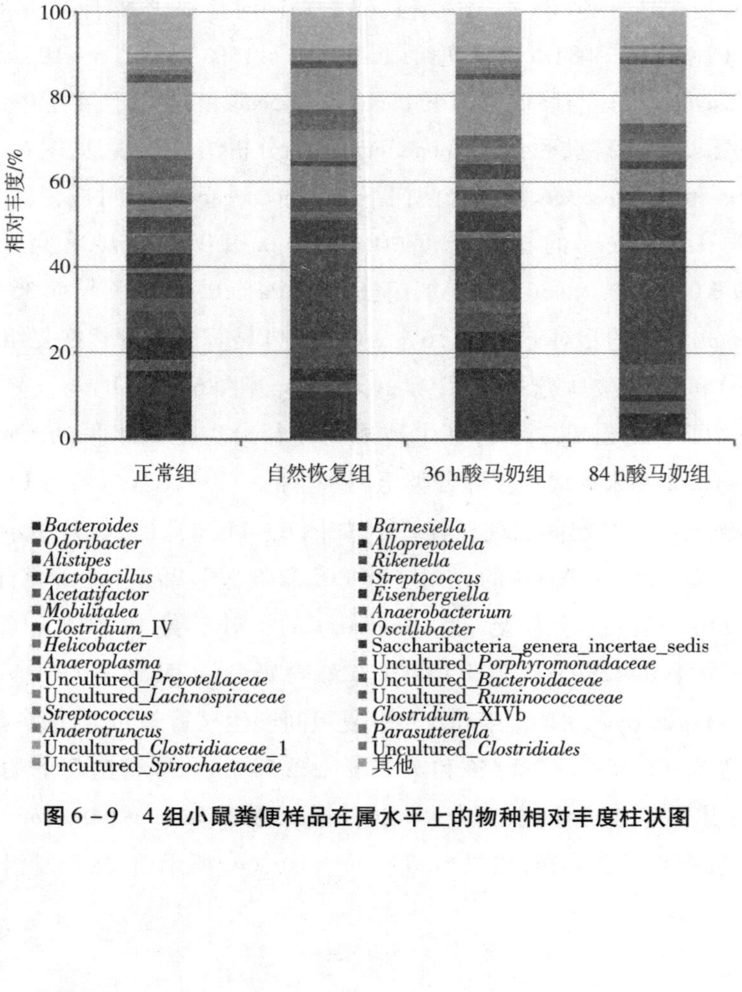

图6-9 4组小鼠粪便样品在属水平上的物种相对丰度柱状图

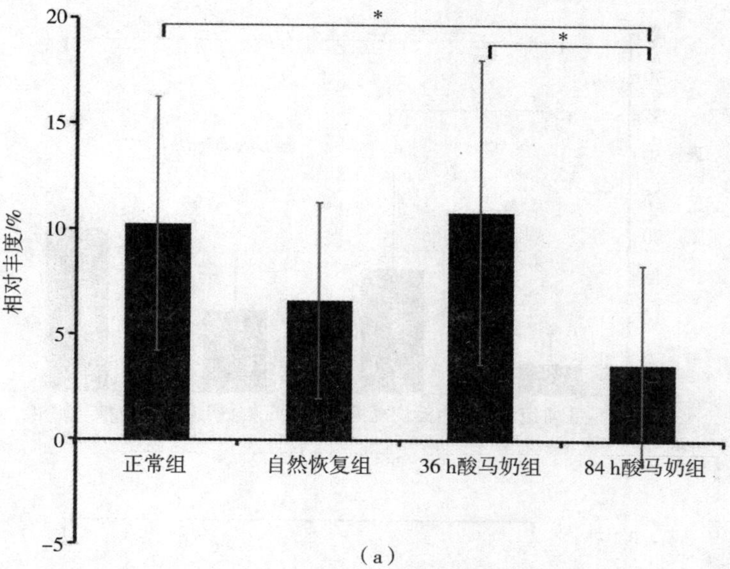

（a）

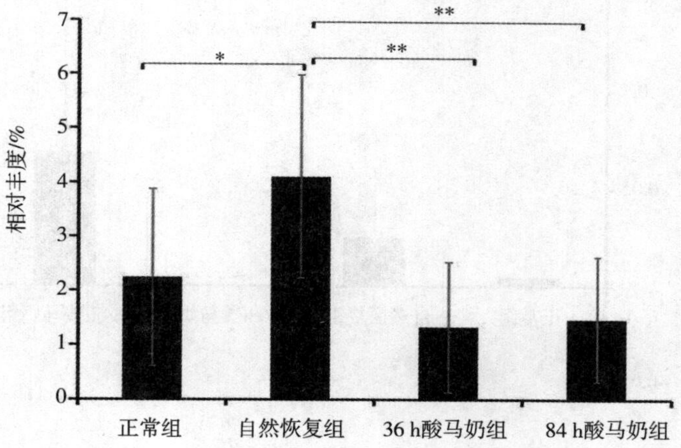

（b）

图 6－10　4 组小鼠粪便样品中 *Bacteroides* **和** Uncultured_*Porphyromonadaceae* **相对丰度**

注："＊"表示两组间差异显著($P<0.05$)，"＊＊"表示两组间差异极显著($P<0.01$)。

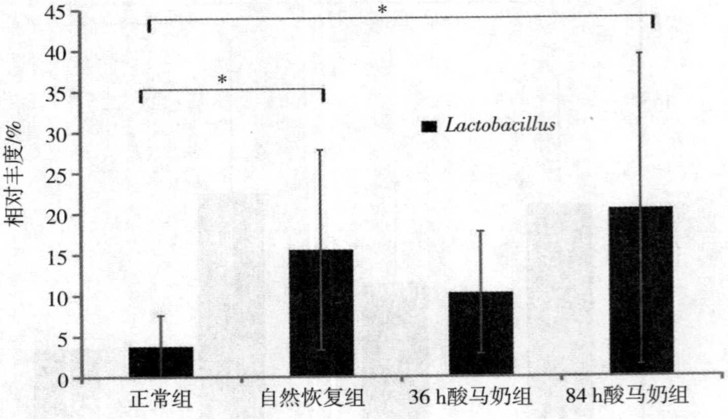
45
40
35
30
25
20
15
10
5
0
相对丰度/%
*
*
Lactobacillus
正常组
自然恢复组
36 h酸马奶组
84 h酸马奶组

（a）

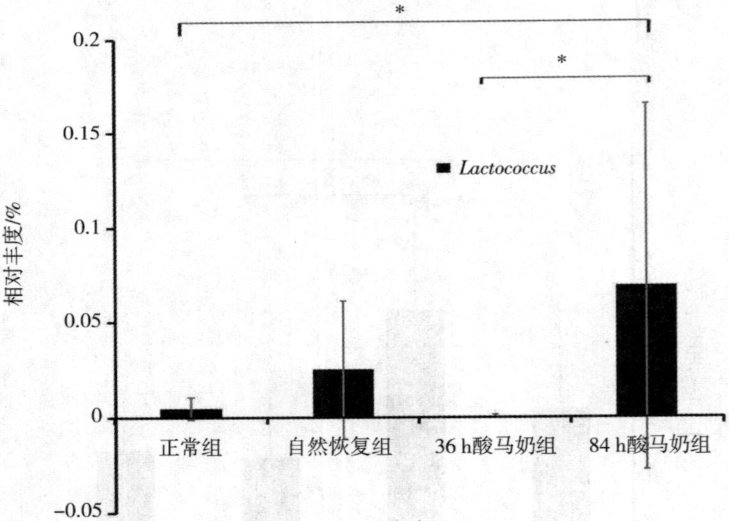
0.2
0.15
0.1
0.05
0
-0.05
相对丰度/%
*
*
Lactococcus
正常组
自然恢复组
36 h酸马奶组
84 h酸马奶组

（b）

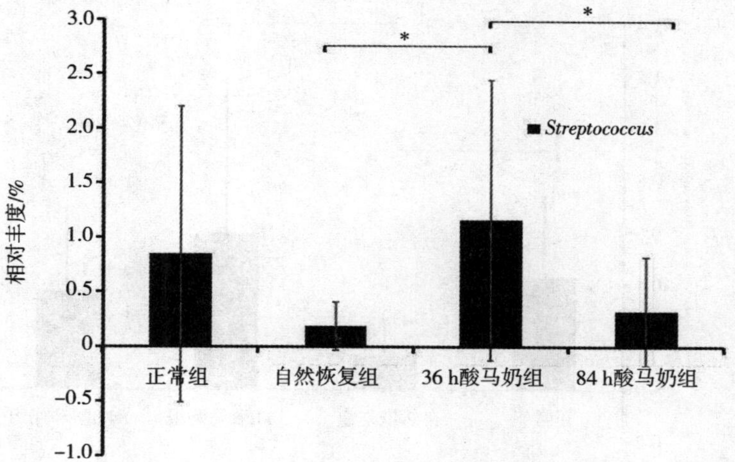
3.0
2.5
2.0
1.5
1.0
0.5
0
−0.5
−1.0
相对丰度/%
*
*
Streptococcus
正常组
自然恢复组
36 h酸马奶组
84 h酸马奶组

（c）

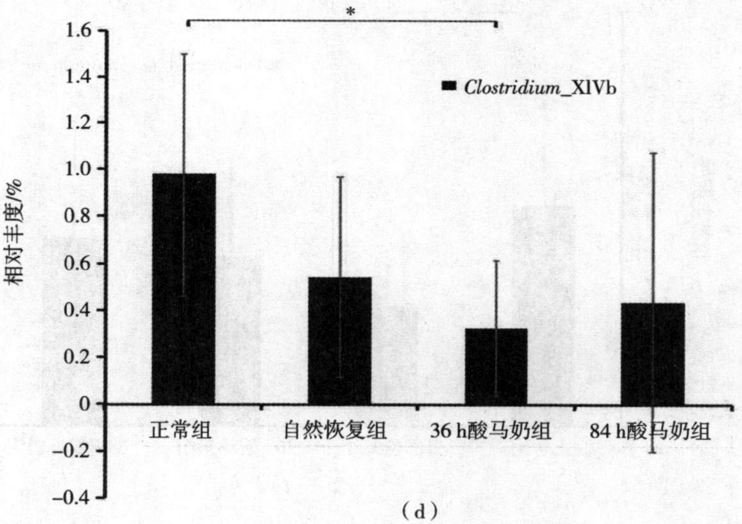
1.6
1.4
1.2
1.0
0.8
0.6
0.4
0.2
0
−0.2
−0.4
相对丰度/%
*
Clostridium_XlVb
正常组
自然恢复组
36 h酸马奶组
84 h酸马奶组

（d）

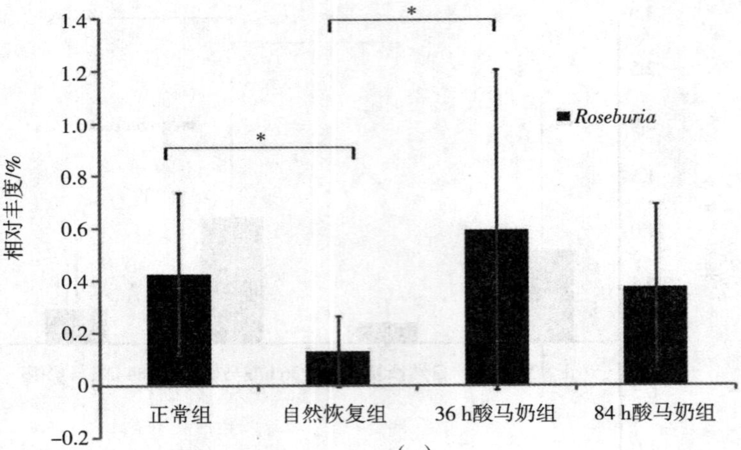

1.4
1.2
1.0
0.8
0.6
0.4
0.2
0
-0.2
相对丰度/%
*
*
Roseburia
正常组
自然恢复组
36 h酸马奶组
84 h酸马奶组

(e)

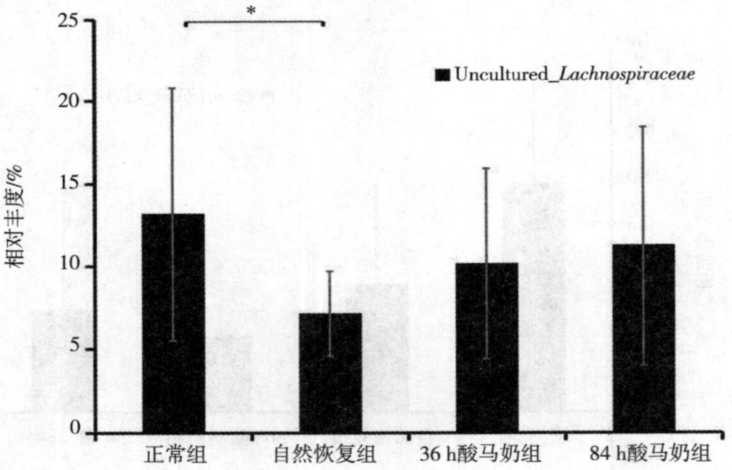

25
20
15
10
5
0
相对丰度/%
*
Uncultured_Lachnospiraceae
正常组
自然恢复组
36 h酸马奶组
84 h酸马奶组

(f)

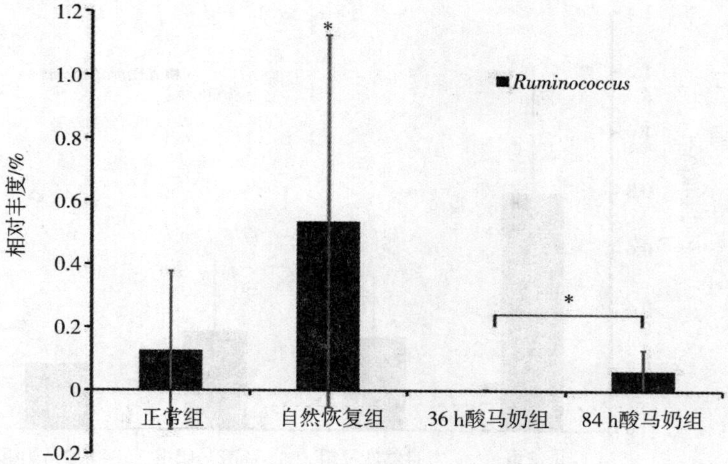
1.2
1.0
0.8
0.6
0.4
0.2
0
-0.2
相对丰度/%
*
Ruminococcus
*
正常组
自然恢复组
36 h酸马奶组
84 h酸马奶组

(g)

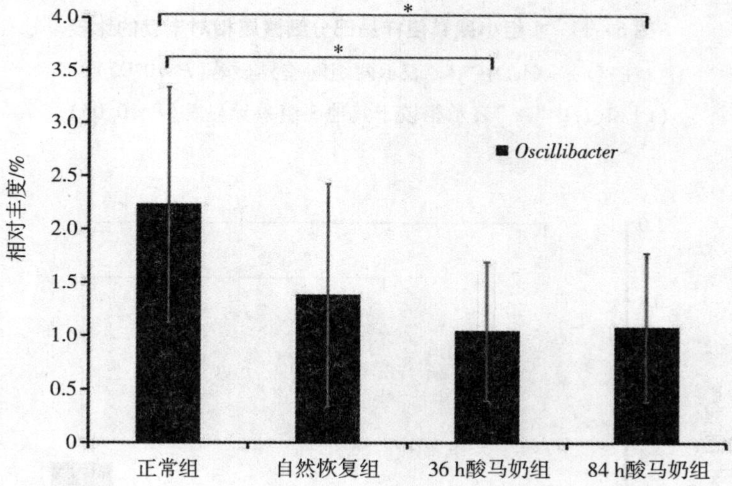
4.0
3.5
3.0
2.5
2.0
1.5
1.0
0.5
0
相对丰度/%
*
*
Oscillibacter
正常组
自然恢复组
36 h酸马奶组
84 h酸马奶组

(h)

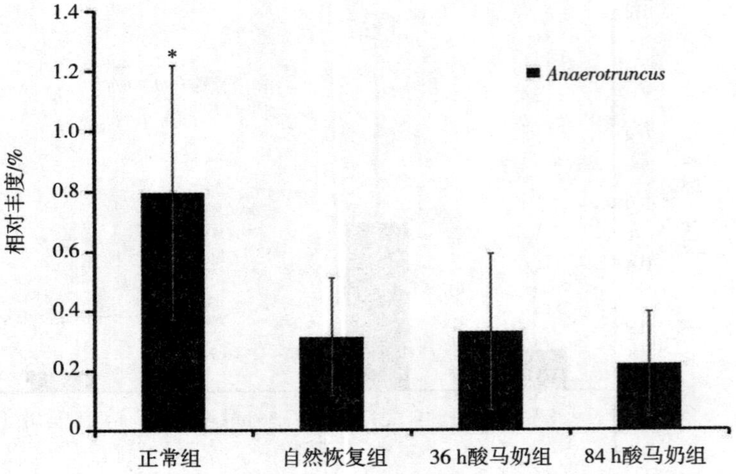

(i)

图6-11 4组小鼠粪便样品部分细菌属相对丰度的比较

注:(a)～(h)中“＊”表示两组间差异显著($P<0.05$),

(g)和(i)中“＊”表示相较于其他3组差异显著($P<0.05$)。

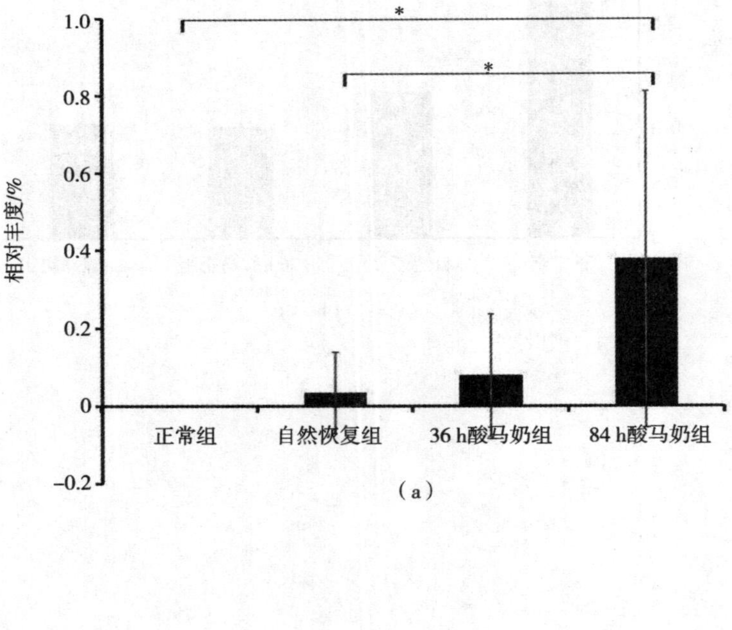

(a)

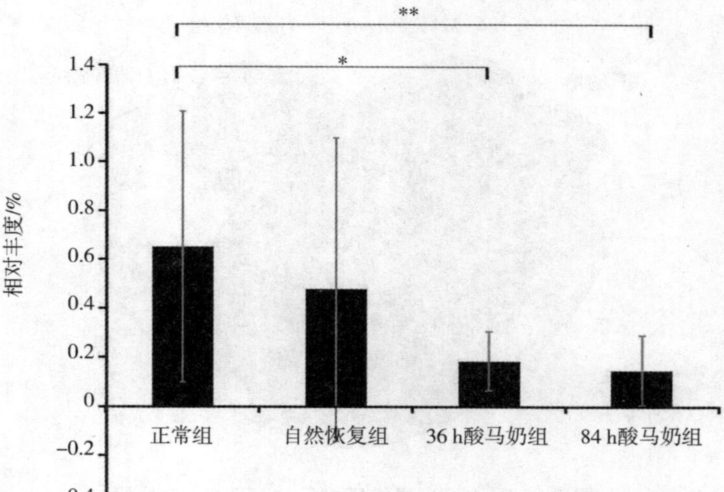

（b）

图 6 – 12　4 组小鼠粪便样品中 *Bifidobacterium*（a）和 *Mucispirillum*（b）相对丰度

注：“ * ”表示两组间差异显著（$P<0.05$），“ ** ”表示两组间差异极显著（$P<0.01$）。

6.4.1.4　β 多样性分析

由上述菌群结构的分析中虽然可看出物种在各组间的相对丰度差异，但无法直观得到各组间共性和特性。基于 OTU 丰度表，以各组为单位绘制的 Venn 图可筛选每组样本中特有的 OTU，以及组间共有的 OTU，并进行可视化展示。由图6 – 13 可知，4 组小鼠粪便样品共有的 OTU 数为 571 个，约占总 OTU 数的 74%。进一步分析可知，正常组和 36 h 酸马奶组共有的 OTU 数为 615 个，少于其他任意组合，而 84 h 酸马奶组与自然恢复组共有的 OTU 数为 649 个，高于其他任意组合。

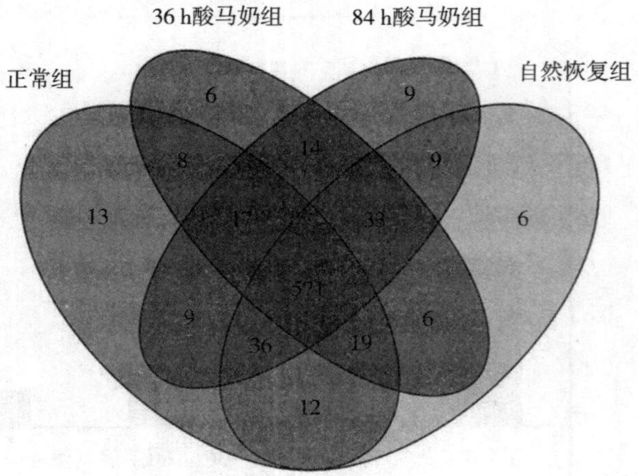

图 6 – 13　4 组小鼠粪便样品的 OTU venn 分析

PCoA 分析以展示对象之间的距离为目标,可将各组之间的相互关系表现出来。本书通过加权 UniFrac PCoA 分析,对 4 组小鼠粪便样品中菌群构成进行了比较,结果如图 6 – 14 所示。由图可知,本次 PCoA 分析中第一主成分和第二主成分的贡献率分别为 42.75% 和 17.3% 。由于个体间差异,4 组小鼠粪便样品并未出现完全区分现象,但正常组和 84 h 酸马奶组大部分小鼠粪便样品菌群构成可与自然恢复组在该分析中区分,而 36 h 酸马奶组与自然恢复组大部分样品有交叠现象,不能完全区分。

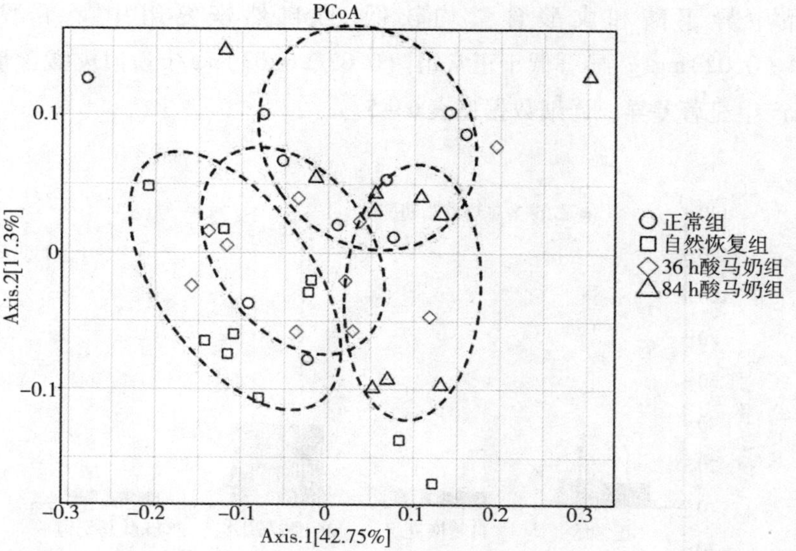

图 6－14　基于操作分类单元(97%相似水平)相对丰度 4 组小鼠粪便样品菌群结构的加权 UniFrac PCoA 分析

6.4.2　酸马奶对便秘小鼠粪便短链脂肪酸含量的影响

4 组小鼠粪便中短链脂肪酸种类及含量的变化如图 6－15 所示,各组小鼠粪便中均检测出乙酸、丙酸、异丁酸、丁酸、异戊酸、戊酸等短链脂肪酸。其中乙酸的含量最高,是主要的短链脂肪酸,但统计学分析结果表明各组间乙酸含量无显著差异,从而导致总短链脂肪酸在各组间也未产生显著差异。各组中含量居第二的短链脂肪酸为丁酸,且自然恢复组和 36 h 酸马奶组丁酸含量[分别为(0.31 ± 0.10)mg/g 和(0.49 ± 0.23)mg/g]极显著低于正常组[(0.86 ± 0.32)mg/g],84 h 酸马奶组[(0.47 ± 0.19)mg/g]显著低于正常组但显著高于自然恢复组。自然恢复组粪便样品中丙酸含量[(0.26 ± 0.08)mg/g]分别极显著和显著低于正常组[(0.46 ± 0.13)mg/g]和 36 h 酸马奶组[(0.44 ± 0.15)mg/g]。36 h 酸马奶组粪便样品中异戊酸含量[(0.26 ± 0.12)mg/g]显著高于自然恢复组[(0.16 ± 0.04)mg/g]和 84 h 酸马奶组[(0.17 ± 0.07)mg/g],但正常组与其他各组间无显著差异。各组小鼠粪便样品中异丁酸和戊酸含量均较低，且自然恢复组中异丁酸含量[(0.04 ±0.02)mg/g]显著低于正常组[(0.07 ±0.03)mg/g]，但戊酸含量在各组间未产生显著差异。详细数据见表6-5。

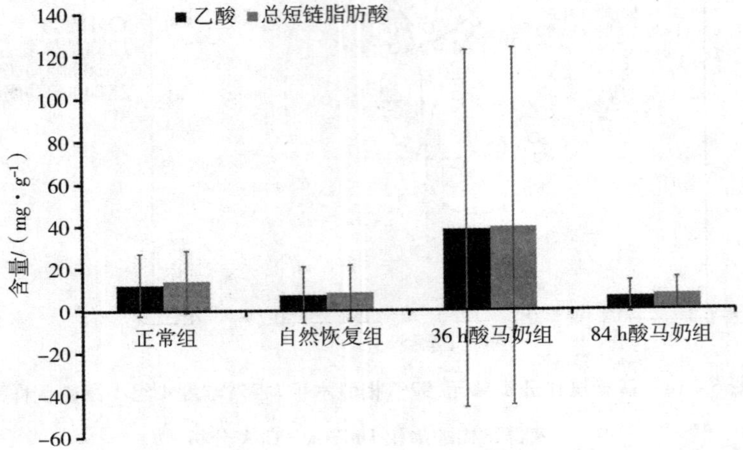

(a)

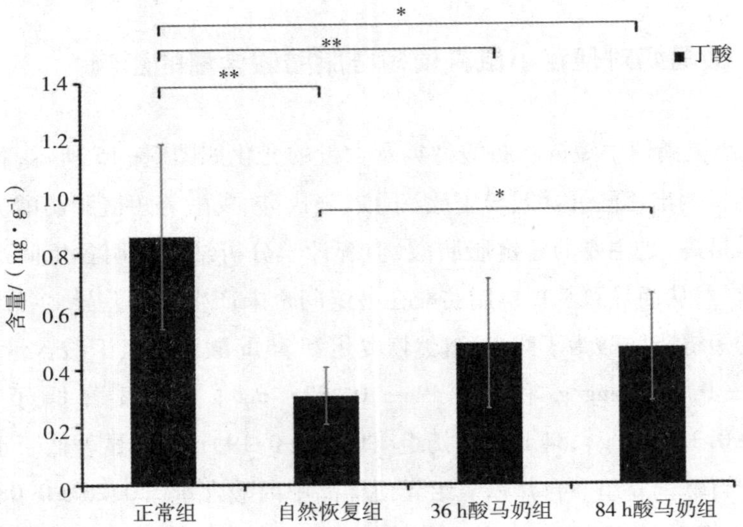

(b)

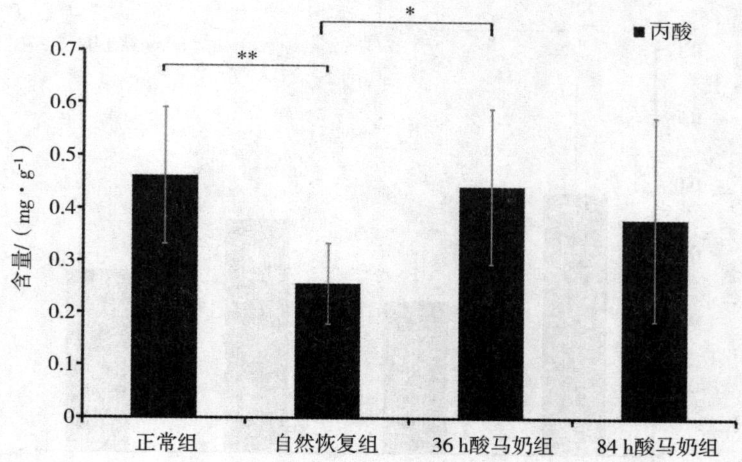
丙酸
含量/（mg・g⁻¹）
0.7
0.6
0.5
0.4
0.3
0.2
0.1
0
**
*
正常组
自然恢复组
36 h酸马奶组
84 h酸马奶组

（c）

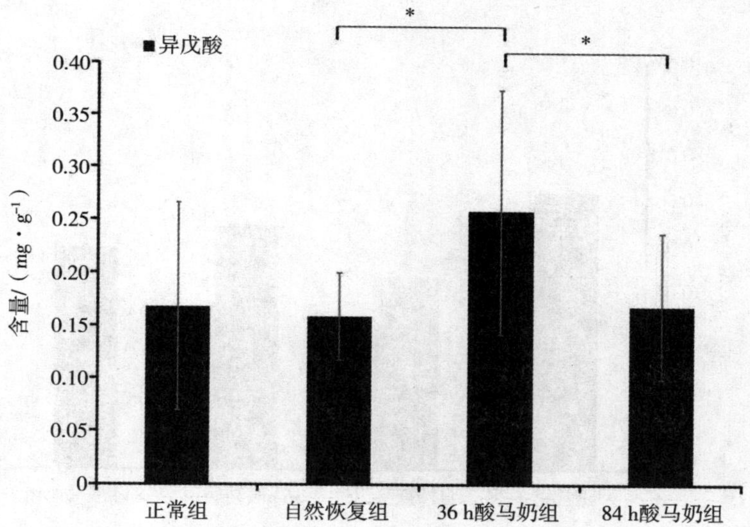
异戊酸
含量/（mg・g⁻¹）
0.40
0.35
0.30
0.25
0.20
0.15
0.10
0.05
0
*
*
正常组
自然恢复组
36 h酸马奶组
84 h酸马奶组

（d）

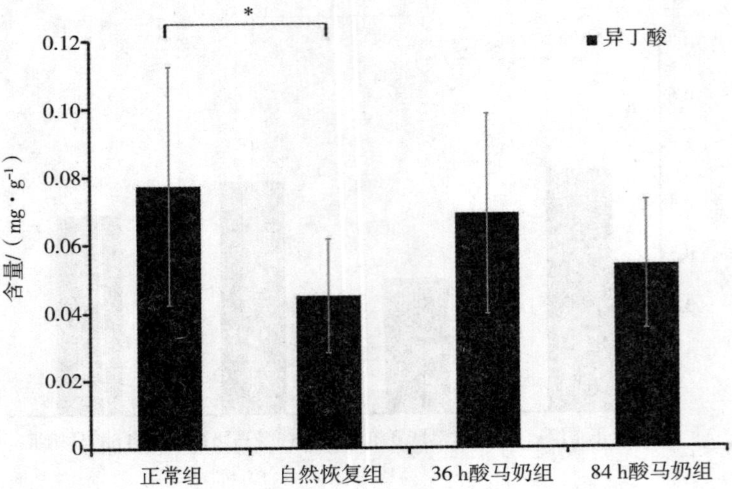

（e）

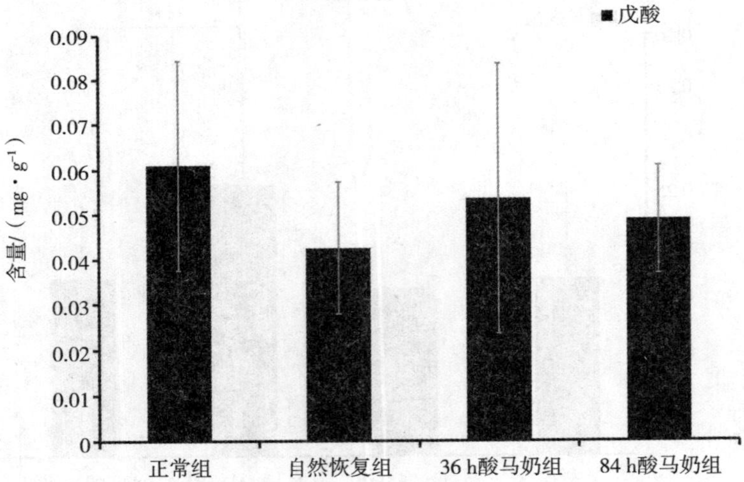

（f）

图 6－15　4 组小鼠粪便样品中短链脂肪酸含量

注："＊"表示两组间差异显著（$P<0.05$），"＊＊"表示两组间差异极显著（$P<0.01$）。

表6-3　4组小鼠粪便中短链脂肪酸含量　单位:mg/g

	正常组	自然恢复组	36 h 酸马奶组	84 h 酸马奶组
乙酸	11.95 ±14.74	7.09 ±13.22	37.87 ±84.01	5.97 ±7.44
丙酸	0.46 ±0.13	0.26 ±0.08	0.44 ±0.15	0.38 ±0.19
异丁酸	0.07 ±0.03	0.04 ±0.02	0.07 ±0.03	0.05 ±0.02
丁酸	0.86 ±0.32	0.31 ±0.10	0.49 ±0.23	0.47 ±0.19
异戊酸	0.17 ±0.10	0.16 ±0.04	0.26 ±0.12	0.17 ±0.07
戊酸	0.06 ±0.02	0.04 ±0.01	0.05 ±0.03	0.05 ±0.01
总短链脂肪酸	13.58 ±14.78	7.90 ±13.17	39.18 ±84.11	7.09 ±7.55

6.5 讨论

第4章的研究表明,相较于便秘小鼠的自然恢复,36 h 酸马奶组和 84 h 酸马奶组对盐酸洛哌丁胺诱导的便秘小鼠食欲弱、体重下降、粪便含水率降低、结肠黏膜受损等症状的改善有促进作用,可有效促进肠蠕动,从而有效缓解便秘。但其缓解机制尚不清楚。如今,诸多研究结果显示,便秘与宿主肠道菌群有关,且包括肠蠕动在内的肠道机能与其菌群均有关联,那么是否可认为酸马奶对便秘的缓解作用与其肠道菌群的改变有关?为回答以上疑问,且探索酸马奶缓解便秘的可能机制,本书采用 Illumina MiSeq 第二代高通量测序技术,分析了36 h、84 h 酸马奶样品干预后,正常组、自然恢复组和两个酸马奶组小鼠肠道菌群丰度水平,与此同时测定了各组小鼠肠道中短链脂肪酸含量。

6.5.1 酸马奶对便秘小鼠肠道菌群结构的影响

6.5.1.1 α多样性分析

40 份小鼠粪便样品共产生 769 个 OTU,其中自然恢复组小鼠粪便样品中平均 OTU 数最高,而 36 h 酸马奶组 OTU 数显著低于其他 3 组。在 OTU 的基础上，通过 Chao1 指数、ACE 指数、香农指数和辛普森指数等来分析各样品 α 多样性（包括相对丰度和物种多样性）的结果表明，36 h 酸马奶组样品中菌群相对丰度最低，且与正常组和自然恢复组有显著差异，同时 36 h 酸马奶组样品中物种多样性也显著低于正常组。Vandeputte 等人的研究结果显示，作为结肠传输时间的代表，粪便硬度可直接反映粪便含水率和肠道活动，且该指标与肠道菌群相对丰度（即多样性）呈负相关，即肠道菌群相对丰度越低，粪便越稀，肠道传输时间也越短。因此本书中 36 h 酸马奶组粪便菌群相对丰度较低可能与其缓解便秘症状、提高粪便含水率、增加肠道推进率等有关。然而，自然恢复组和正常组间菌群多样性方面未出现显著差异。研究人员比较了便秘患者和健康人群粪便样品中菌群多样性，结果显示两者未见显著差异，与本书结果一致。

6.5.1.2 粪便样品菌群结构分析

肠道菌群存在于消化道的不同区域，而在结肠内的数量最为庞大，且以拟杆菌门、厚壁菌门和放线菌门为主。诸多研究结果表明肠道微生物与结肠蠕动、免疫调节、药物代谢等因素有关。虽然以往的研究表明便秘患者的肠道菌群与健康人群有所区别，便秘和肠道某些菌群的相对丰度变化有密切联系，但少有研究系统评估在潜在益生菌干预下肠道菌群的变化。本书采用 Illumina Miseq 第二代测序技术探讨酸马奶干预下便秘小鼠肠道菌群结构的变化。

(1)基于门分类水平的菌群结构分析

经检测，40 份小鼠粪便样品共鉴定出 11 个门 10 个科 127 个属，其中在门水平下相对丰度均大于 1% 的有拟杆菌门、厚壁菌门、变形菌门、柔膜菌门，而前两者相对丰度累积可达 85% 以上，是小鼠肠道中的优势菌群，且就门水平下，大部分菌门相对丰度在 4 组之间无显著差异。经统计学分析，只有放线菌门和脱铁杆菌出现差异，且 84 h 酸马奶组放线菌门相对丰度显著高于正常组和自然恢复组，36 h 酸马奶组和 84 h 酸马奶组脱铁杆菌相对丰度分别显著和极显著低于正常组。Parthasarathy 等人的研究结果表明，放线菌门相对丰度与结肠运输速度呈正相关，即放线菌门相对丰度越高，结肠运输速度越快。本书中 84 h 酸马奶组放线菌门的相对丰度显著高于正常组和自然恢复组，因此可推测 84 h 酸马奶有效促进肠道推进率与放线菌门相对丰度的增加有关。值得一提的是，本书中正常组和自然恢复组在门分类水平未出现显著差异。研究人员比较了便秘患者和健康人群粪便菌群结构后发现，在门水平下，便秘患者粪便样品中，只有拟杆菌门相对丰度显著低于健康人群，而其他菌门均未出现显著差异，与本书结果部分一致。

(2)基于科和属分类水平的菌群结构分析

经统计学分析，在科水平下，自然恢复组与正常组产生显著差异的有 Porphyromonadaceae、Lactobacillaceae、Lachnospiraceae，其中前两者显著高于正常组，而 Lachnospiraceae 显著低于正常组。进一步鉴定至属水平，产生上述显著差异的是 Porphyromonadaceae 下的 Uncultured_*Porphyromonadaceae*、Lactobacillaceae 下的 *Lactobacillus*、Lachnospiraceae 下的 *Roseburia* 和 Uncultured_*Lachnospiraceae*。以往研究结果显示，与健康人群相比，便秘患者肠道内 *Lactobacillus* 相对丰度显著降低。而在本书中，由图 6 - 11(a)可知，自然恢复组 *Lactobacillus* 相对丰度显著高于正常组。此结果可能是由为期 20 天的自然恢复过程中便秘小鼠自身免疫调节引起。Parthasarathy 等人研究发现，隶属于厚壁菌门的 *Roseburia* 与结肠运输速度呈正相关。由图 6 - 11(e)可知，自然恢复组小鼠 *Roseburia* 相对丰度显著低于正常组，据此推测 *Roseburia* 相对丰度的降低可能使其肠道运输速度减慢，从而导致肠道推进率降低。正常组和自然恢复组小鼠除上述菌属以外，在隶属于 Ruminococcaceae 的 *Ruminococcus* 和 *Anaerotruncus* 等两个属产生显著差异，并且自然恢复组 *Ruminococcus* 相对丰度显著高于正常组，而 *Anaerotruncus* 相对丰度显著低于正常组。这两个菌属均属肠道菌群，但在以往的研究报道中未指出两者在便秘患者或便秘动物模型肠道中的变化情况。只有 Hadizadeh 等人的研究指出 Uncultured_*Ruminococcaceae* 与平均排便次数呈负相关。本书中自然恢复组小鼠排便量少于正常组是否与 *Ruminococcus* 相对丰度高有关，有待进一步查证。

经鉴定，36 h 酸马奶组和 84 h 酸马奶组对盐酸洛哌丁胺诱导便秘小鼠肠道菌群结构变化的影响有着共同点，包括该两组小鼠粪便样品中 Uncultured_*Porphyromonadaceae*、*Ruminococcus* 相对丰度分别极显著和显著低于自然恢复组，而 *Oscillibacter*、*Anaerotruncus* 和 *Mucispirillum* 相对丰度显著低于正常组。Hadizadeh 等人的研究结果表明，除 Uncultured_*Ruminococcaceae* 外，*Alistipes* 和 *Oscillibacter* 菌属相对丰度与平均排便次数呈负相关。因此推测两个酸马奶组小鼠排便量增加可能与酸马奶导致便秘小鼠肠道内 *Ruminococcus*、*Oscillibacter* 等菌属相对丰度的降低有关。研究人员指出,*Mucispirillum* 可抑制结肠黏膜层,而本书中酸马奶可显著降低 *Mucispirillum* 的相对丰度,可能有利于结肠黏膜层的完整再生。

除上述几个相同点外,两种发酵时间点酸马奶对便秘小鼠肠道菌群的影响也存在各自的特别之处。例如 36 h 酸马奶组粪便样品中 *Streptococcus* 和 *Roseburia* 相对丰度显著高于自然恢复组,而 *Clostridium* XIVb 显著低于正常组。Parthasarathy 等人指出,隶属于厚壁菌门下的 *Roseburia* 与结肠运输速度呈正相关。因此,36 h 酸马奶组中 *Roseburia* 相对丰度的增加可能是其肠道推进率高于自然恢复组的原因之一。经进一步鉴定,*Streptococcus* 属共鉴定出 4 个种,其中导致该属在 36 h 酸马奶组显著高于自然恢复组的是 *Streptococcus hyointestinalis*。O' Connor 等人的一项研究发现,肠道来源的 *Streptococcus hyointestinalis* DPC6484 可产生一种具有广泛抑制革兰氏阳性菌且大小在 3 453 u 的细菌素。越来越多的证据表明,细菌素的产生代表了肠道菌株的一种益生菌特性,可以促进其优势、对抗感染,甚至是免疫系统的信号。本书中 *Streptococcus hyointestinalis* 是否可产生细菌素,且其相对丰度的增加是否与 *Clostridium* XIVb 相对丰度显著降低有关等需进一步试验来确定。

84 h 酸马奶对便秘小鼠肠道菌群的特殊影响主要体现在,84 h 酸马奶组小鼠粪便样品中 *Bacteroides* 相对丰度显著低于正常组和 36 h 酸马奶组,*Lactococcus* 相对丰度显著高于正常组和 36 h 酸马奶组,*Lactobacillus* 相对丰度显著高于正常组,*Bifidobacterium* 相对丰度显著高于正常组和自然恢复组。Parthasarathy 等人指出,便秘患者肠道菌群中拟杆菌门更为丰富,且拟杆菌门相对丰度与结肠运动呈负相关,而 *Lactococcus* 和 *Roseburia* 与结肠运动呈正相关。动物试验和以人类结肠为样本的体外试验结果显示,一些 *Lactobacillus* 和 *Bifidobacterium* 可通过释放神经传导因子而促进肠蠕动和肌细胞收缩。刘炼等人指出 *Bifidobacterium* 能够酵解寡糖等产生乳糖和乙酸,促进肠道运动,使粪便连续不断地被推向肛门。Agrawal 等人也发现,便秘患者口服一定量的 *Bifidobacterium* 可缩短结肠传输时间。基于以上研究结果,可推测 84 h 酸马奶可能通过降低 *Bacteroides* 相对丰度,同时增加 *Lactococcus*、*Lactobacillus*、*Bifidobacterium* 等可促进肠蠕动和结肠传输速度的细菌属相对丰度,来缓解便秘。

6.5.2 酸马奶对便秘小鼠粪便短链脂肪酸的影响

菌群并非简单地存在于肠道中，它们为了在此环境中生存，活跃地进行新陈代谢。因此，酸马奶不仅对肠道多种菌群结构、组成和数量有影响，还会影响肠道细菌发酵产物，例如短链脂肪酸。短链脂肪酸是一类肠道(主要是结肠)菌群发酵复杂碳水化合物的末端产物，含有1~6个C原子，主要包括乙酸(C2)、丙酸(C3)、丁酸(C4)、异丁酸(C4)、戊酸(C5)、异戊酸(C5)等，其中乙酸、丙酸、丁酸在总结肠短链脂肪酸中占90%~95%。短链脂肪酸是维持结肠黏膜完整性所需能量的主要来源，同时还具有其他重要的生理作用，例如可刺激电解质和水分的吸收，增强上皮细胞的增殖，增加肠系膜血液流动，也可作为控制肠蠕动的化学刺激物等。Fukumoto等人的研究表明，肠道菌群可发酵纤维而产生短链脂肪酸，而后者可以释放羟色胺(5-HT)促进肠蠕动。一些研究表明，肠道菌群的破坏会影响短链脂肪酸的产生，减少胰高血糖素样肽的产生，从而抑制肠道传输功能。相关研究表明，短链脂肪酸具有一定的通便与修复结肠黏膜损伤的作用。因此，肠道中短链脂肪酸的含量成为益生菌治疗便秘研究中鉴定菌株之间缓解便秘能力差异的重要指标。大部分短链脂肪酸在肠道即被吸收利用，但也有5%~10%的短链脂肪酸随粪便排出，因此粪便中短链脂肪酸含量一定程度上可反映肠道中短链脂肪酸含量，且目前研究人员多通过检测粪便中短链脂肪酸含量来了解短链脂肪酸与各类消化系统疾病之间的关系。

为了探究酸马奶对便秘小鼠肠道菌群结构的影响，以及其是否对肠道短链脂肪酸组成有一定影响，本书比较了4组小鼠粪便样品中短链脂肪酸组成及含量。

6.5.2.1 乙酸含量的比较

乙酸是结肠内碳水化合物、蛋白质、氨基酸等发酵后的主要产物，也是胆固醇合成的最主要底物，在肠道内被吸收后进入肝静脉系统，为肝脏代谢提供所需能量。本书中，4组小鼠粪便样品中乙酸含量占据总短链脂肪酸含量的90%左右，且乙酸在各组间未产生显著差异。李川、曹永强等人分别采用植物乳杆菌NCU116和副干酪乳杆菌N1115干预的盐酸洛哌丁胺诱导便秘小鼠后发现，便秘组小鼠粪便样品中乙酸含量显著降低,而上述益生菌可显著提高乙酸含量,但本书中未出现差异。这可能与酸马奶灌胃剂量有关。

6.5.2.2 丙酸含量的比较

丙酸是拟杆菌门发酵的主要产物,经结肠吸收后可作为肝脏代谢的能源物质,并且能够抑制胆固醇的合成。相关研究表明,丙酸可加强细胞间的紧密连接,抑制肠道通透性,从而增强肠黏膜机械屏障功能。本书中,自然恢复组丙酸含量分别极显著和显著低于正常组和36 h酸马奶组,即便秘小鼠肠道中丙酸含量显著降低,而36 h酸马奶可使丙酸含量显著上升。该结果与李川、曹永强等人的研究结果部分一致,即便秘小鼠丙酸含量显著降低,而益生菌可有效增加丙酸含量。

6.5.2.3 丁酸含量的比较

丁酸是厚壁菌门的主要代谢产物,能被结肠上皮细胞吸收利用,是结肠、盲肠能量的主要来源,可促进上皮细胞增殖、分化,减少细胞凋亡,对维持肠黏膜机械屏障具有重要意义。丁酸除了在调节结肠黏膜内稳态中发挥重要作用,还可调节黏膜免疫反应和肠神经系统(ENS)的活动。本书中,自然恢复组和36 h酸马奶组丁酸含量极显著低于正常组,而84 h酸马奶组丁酸含量虽然与正常组仍存在显著差异,但显著高于自然恢复组。相关研究结果显示,与健康人群相比,便秘患者粪便中丁酸含量显著降低,且通过丁酸盐的补充,可显著增加排便次数、粪便含水率、促进结肠收缩。有研究表明,补充丁酸可促进动物体重增加,肠绒毛增长、隐窝深度和黏膜厚度增加。第2章中,经检测,84 h酸马奶中丁酸含量[(0.885±0.087)g/100 g]显著高于36 h酸马奶[(0.436±0.011)g/100 g],pH值显著低于36 h酸马奶;第5章中对各组小鼠结肠组织病理学观察的结果显示,36 h和84 h酸马奶组相比较,后者黏膜厚度增加更为明显,杯状细胞数量更多,与正常组结肠特征更为接近。推测84 h酸马奶由于其更高的pH值和丁酸含量,可促使便秘小鼠肠道中丁酸含量增加,从而更加有效地修复结肠黏膜损伤,提高粪便含水率及促进结肠收缩,进而缓解便秘。36 h酸马奶组粪便样品中丁酸含量虽然与自然恢复组未产生显著差异,但其均值高于自然恢复组,且接近于84 h酸马奶组,因此36 h酸马奶也具有一定的上述作用。

6.6 小结

基于本章研究发现,两种酸马奶组可能通过降低便秘小鼠肠道内 *Ruminococcus*、*Oscillibacter* 等菌属相对丰度来增加小鼠排便量和排便次数,也可通过降低 *Mucispirillum* 的相对丰度来促进结肠黏膜层的完整再生。除上述共同作用外,36 h 酸马奶和 84 h 酸马奶也存在各自独特的影响:与 84 h 酸马奶比较,36 h 酸马奶可显著降低便秘小鼠肠道菌群相对丰度和物种多样性;另外,36 h 酸马奶组中 *Roseburia* 相对丰度的显著增加可能是其肠道推进率高于自然恢复组的原因之一。84 h 酸马奶可能通过降低 *Bacteroides* 相对丰度、增加 *Lactococcus*、*Lactobacillus*、*Bifidobacterium* 等可促进肠蠕动和结肠运输速度的细菌属相对丰度来缓解便秘。另外,84 h 酸马奶可能由于其更高的丁酸含量,促使便秘小鼠肠道中丁酸含量的增加,从而更加有效地缓解便秘。综上所述,36 h 和 84 h 酸马奶对小鼠便秘症状的缓解可能是通过改变部分肠道菌群相对丰度和短链脂肪酸组成来达到的,而且两组间相比较,84 h 酸马奶的影响更大。该结果也与本书中多样性分析结果相似,即正常组和 84 h 酸马奶组大部分小鼠粪便样品群落构成可与自然恢复组相区分,而 36 h 酸马奶组与自然恢复组大部分样品有交叠现象。这也可解释第 5 章中所得出的结论:两种酸马奶均有一定的缓解便秘效果,但 84 h 酸马奶组小鼠黏膜厚度增加更为明显,杯状细胞数量更多,与正常组结肠特征更为接近。因此我们认为酸马奶对于便秘的缓解作用与其 *Lactobacillus* 相对丰度无太大关联,而可能与其化学组成(pH 值、有机酸等)有关。

参考文献

[1] Dehghani S M, Basiratnia M, Matin M, et al. Urinary tract infection and enuresis in children with chronic functional constipation[J]. Iranian Journal of Kidney Diseases, 2013, 7:363 – 366.

[2] Guerin A, Mody R, Fok B, et al. Risk of developing colorectal cancer and benign colorectal neoplasm in patients with chronic constipation[J]. Alimentary Phama-

cology and Therapeuics,2014,40:83 - 92.

[3] O'mahony L, McCarthy J, Kelly P, et al. *Lactobacillus* and *Bifidobacterium* in irritable bowel syndrome: symptom responses and relationship to cytokine profiles [J]. Gastroenterology, 2005, 128:541 - 551.

[4] Kassinen A, Krogius - Kurikka L, Mäkivuokko H, et al. The fecal microbiota of irritable bowel syndrome patients differs significantly from that of healthy subjects [J]. Gastroenterology, 2007, 133:24 - 33.

[5] ZHU LIXIN, LIU WENSHENG, Alkhouri R, et al. Structural changes in the gut microbiome of constipated patients [J]. Physiological Genomics, 2014, 46: 679 - 686.

[6] Kang D W, di Baise J K, Ilhan Z E, et al. Gut microbial and short - chain fatty acid profiles in adults with chronic constipation before and after treatment with lubiprostone [J]. Anaerobe, 2015, 33:33 - 41.

[7] Zoppi G, Cinquetti M, Luciano A, et al. The intestinal ecosystem in chronic functional constipation [J]. Acta Paediatrica, 1998, 87:836 - 841.

[8] Khalif I L, Quigley E M M, Konovitch E A, et al. Alterations in the colonic flora and intestinal permeability and evidence of immune activation in chronic constipation [J]. Digestive and Liver Disease, 2005, 37:838 - 849.

[9] Chassard C, Dapoigny M, Scott K P, et al. Functional dysbiosis within the gut microbiota of patients with constipated - irritable bowel syndrome [J]. Alimentary Pharmacology and Therapeutics, 2012, 35:828 - 838.

[10] Wichmann A, Allahyar A, Greiner T U, et al. Microbial modulation of energy availability in the colon regulates intestinal transit [J]. Cell Host Microbe, 2013, 14:582 - 590.

[11] Quigley E M M. The enteric microbiota in the pathogenesis and management of constipation [J]. Best Practice Research. Clinical Gastroenterology, 2011, 25: 119 - 126.

[12] Picard C, Fioramonti J, Francois A, et al. Review article: bifidobacteria as probiotic agents - physiological effects and clinical benefits [J]. Alimentary Pharmacology and Therapeutics, 2005, 22:495 - 512.

[13] Szajewska H, Setty M, Mrukowicz J, et al. Probiotics in gastrointestinal diseases in children: hard and not – so – hard evidence of efficacy[J]. Journal of Pediatric Gastroenterology and Nutrition, 2006, 42: 454 – 75.

[14] Kim S E, Choi S C, Park K S, et al. Change of fecal flora and effectiveness of the short – term VSL#3 probiotic treatment in patients with functional constipation[J]. Journal of Neurogastroenterology and Motility, 2015, 21: 111 – 120.

[15] Wojtyniak K, Horvath A, Dziechciarz P, et al. *Lactobacillus casei rhamnosus* Lcr35 in the management of functional constipation in children: a randomized trial[J]. Journal of Pediatrics, 2017, 184: 101 – 105.

[16] Krammer H J, Von Seggern H, Schaumburg J, et al. Effect of Lactobacillus casei Shirota on colonic transit time in patients with chronic constipation[J]. Colo – Proctology, 2011, 33: 109 – 113.

[17] Khodadad A, Sabbaghian M. Role of synbiotics in the treatment of childhood constipation: a double – blind randomized placebo controlled trial[J]. Iranian Journal of Pediatrics, 2010, 20: 387 – 392.

[18] Boeckxstaens G, Camilleri M, Sifrim D, et al. Fundamentals of neurogastroenterology: Physiology/motility – Sensation[J]. Gastroenterology, 2016, 150(6): 1292 – 1304.

[19] Y Obata, V Pachnis. The effect of microbiota and the immune system on the development and organization of the enteric nervous system[J]. Gastroenterology, 2016, 151(5): 836 – 844.

[20] Vandeputte D, Falony G, Vieira – Silva S, et al. Stool consistency is strongly associated with gut microbiota richness and composition, enterotypes and bacterial growth rates[J]. Gut, 65(1): 57 – 62.

[21] Barbara G, Feinle – Bisset C, Ghoshal U, et al. The Intestinal microenvironment and functional gastrointestinal disorders[J]. Gastroenterology, 2016, 150(6): 1305 – 1318.

[22] Singh N, Arioli S, Wang A, et al. Impact of Bifidobacterium bifidum MIMBb75 on mouse intestinal microorganisms[J]. FEMS Microbiology Ecology, 2013, 85: 369 – 375.

[23] ZHU LIXIN, LIU WENSHENG, Alkhouri R, et al. Structural changes in the gut microbiome of constipated patients [J]. Physiological Genomics, 2014, 46: 679 – 686.

[24] Khalif I L, Quigley E M M, Konovitch E A, et al. Alterations in the colonic flora and intestinal permeability and evidence of immune activation in chronic constipation[J]. Digestive and Liver Disease, 2005, 37: 838 – 849.

[25] Choi C H, Chang S K. Alteration of gut microbiota and efficacy of probiotics in functional constipation[J]. Journal of Neurogastroenterology and Motility, 2015, 21: 4 – 7.

[26] Kirgizov I V, Sukhorukov A M, Dudarev V A, et al. Hemostasis in children with dysbacteriosis in chronic constipation [J]. Clinical and Applied Thrombosis/Hemostasis, 2001, 7: 335 – 338.

[27] Zoppi G, Cinquetti M, Luciano A, et al. The intestinal ecosystem in chronic functional constipation[J]. Acta Paediatrica, 1998, 87: 836 – 841.

[28] Parthasarathy G, CHEN JUN, CHEN XIANFENG, et al. Relationship between microbiota of the colonic mucosa vs feces and symptoms, colonic transit, and methane production in female patients with chronic constipation[J]. Gastroenterology, 2016, 150: 367 – 379.

[29] Hadizadeh F, Walter S, Belheouane M, et al. Stool frequency is associated with gut microbiota composition[J]. Gut, 2017, 66(3): 559 – 560.

[30] Rajilic – Stojanovic M, Biagi E, Heilig H G H J, et al. Global and deep molecular analysis of microbiota signatures in fecal samples from patients with irritable bowel syndrome[J]. Gastroenterology, 2011, 141: 1792 – 1801.

[31] Husebye E, Hellström P M, Sundler F, et al. Influence of microbial species on small intestinal myoelectric activity and transit in germ – free rats[J]. American Journal of Physiology. Gastrointestinal and Liver Physiology, 2001, 280: 368 – 380.

[32] MA XUELIAN, MAO YUKANG, WANG BINGXIAN, et al. Lactobacillus reuteri ingestion prevents hyperexcitability of colonic DRG neurons induced by noxious stimuli[J]. American Journal of Physiology. Gastrointestinal and Liver Physio-

logy,2009,296:868 - 875.

[33] Guarino M P L, Altomare A, Stasi E, et al. Effect of acute mucosal exposure to *Lactobacillus rhamnosus* GG on human colonic smooth muscle cells[J]. Journal of Clinical Gastroenterology,2008,42(Suppl 3):185 - 190.

[34] 刘炼,刘春强.肠道细菌群落与功能性便秘的研究进展[J].辽宁中医杂志,2017,44(3):666 - 668.

[35] Dass N B, John A K, Bassil A K, et al. The relationship between the effects of short - chain fatty acids on intestinal motility in vitro and GPR43 receptor activation[J]. Neurogastroenterology and Motility,2007,19(1):66 - 74.

[36] Yajima T. Contractile effect of short - chain fatty acids on the isolated colon of the rat[J]. The Journal of Physiology,1985,368:667 - 678.

[37] Binder H J, Mehta P. Short - chain fatty acids stimulate active sodium and chloride absorption in vitro in the rat distal colon[J]. Gastroenterology,1989,96:989 - 996.

[38] Fukumoto S, Tatewaki M, Yamada T, et al. Short - chain fatty acids stimulate colonic transit via intraluminal 5 - HT release in rats[J]. American Journal of Physiology. Gastrointestinal and Liver Physiology,2003,284:R1269 - R1276.

[39] Wichmann A, Allahyar A, Greiner T U, et al. Microbial modulation of energy availability in the colon regulates intestinal transit[J]. Cell Host Microbe,2013,14:582 - 590.

[40] HU JIELUN, NIE SHAOPING, XIE MINGYONG. High pressure homogenization increases antioxidant capacity and short - chain fatty acid yield of polysaccharide from seeds of *Plantago asiatica* L.[J]. Food Chemistry,2013,138(4):2338 - 2345.

[41] Roediger W E, Moore A. Effect of short - chaim fatty acid on sodium absorption in isolated human colon perfused through the vascular bed[J]. Digestive Diseases and Sciences,1981,26(2):100 - 106.

[42] Bianchi F, DallAsta M, Rio D D, et al. Development of a headspace solid - phase microextraction gas chromatography - mass spectrometric method for the determination of short - chain fatty acids from intestinal fermentation[J]. Food

Chemistry,2011,129(1):200 - 205.

[43] Wright R S, James W A, Susan R. Propionate inhibits hepatocyte lipid synthesis [J]. Proc Soc Exp Biol Med,1990,195(1):26 - 29.

[44] 屠友金,胡彩虹. 低聚果糖和丙酸钠对肥育猪胆固醇代谢的影响[J]. 中国粮油学报,2005(1):65 - 68.

[45] Satapati S, Kucejova B, Duarte J A G, et al. Mitochondrial metabolism mediates oxidative stress and inflammation in fatty liver[J]. Journal of Clinical Investigation,2015,125:4447 - 4462.

[46] 刘松珍,张雁,张名位,等. 肠道短链脂肪酸产生机制及生理功能的研究进展[J]. 广东农业科学,2013,11:99 - 103.

[47] Susan E P, Sylvia H D, Deorgina L H, et al. The microbiology of butyrate formation in the human colon [J]. FEMS Microbiology Letters, 2002, 217 (2): 133 - 139.

[48] 蒙丹丽,梁列新,宋怀宇. 短链脂肪酸在肠道中的生理作用[J]. 中国临床新医学,2018,11(2):198 - 202.

[49] Inagaki A, Sakata T. Dose - dependent stimulatory and inhibitory effects of luminal and serosal n - butyric acid on epithelial cell proliferation of pig distal colonic mucosa[J]. Journal of Nutritional Science and Vitaminology,2005,51(3):156 - 160.

[50] Soret R, Chevalier J, Coppet P D, et al. Short - chain fatty acids regulate the enteric neurons and control gastrointestinal motility in rats[J]. Gastroenterology, 2010,138(5):1772 - 1782.

[51] GE XIAOLONG, ZHAO WEI, DING CHAO, et al. Potential role of fecal microbiota from patients with slow transit constipation in the regulation of gastrointestinal motility[J]. Scientific Reports,2017,7:441.

第7章 酸马奶对便秘小鼠肠道内部分神经递质的影响

7.1 引言

功能性便秘机制尚不清楚,但诸多研究结果显示便秘与宿主肠道菌群变化有关。然而肠道菌群具体是如何起作用的?其作用位点在哪里?众所周知,肠道菌群与ENS近距离接触,因此两者之间联系非常密切,而这种关系也非常复杂,通常认为肠道菌群可通过其代谢物影响肠神经兴奋性和胃肠道功能,例如γ-氨基丁酸(*Lactobacillus*、*Bifidobacterium*)、去甲肾上腺素(*Escherichia*、*Bacillus*、*Saccharomyces*)、5-羟色胺(*Candida*、*Streptococcus*、*Escherichia*、*Enterococcus*)、多巴胺(*Bacillus*、*Serratia*)、乙酰胆碱(*Lactobacillus*)等。很多研究也已证实功能性便秘的发病机制与肠神经系统、肠神经递质、胃肠道平滑肌等密切相关。

ENS被认为是自主神经系统中独立的分支,存在于整个胃肠道,因而胃肠道功能主要受控于ENS,与中枢神经系统无关。在ENS中神经元数目巨大,按其功能可分为4类:运动神经元、分泌神经元、感觉神经元和中间神经元。肠神经元控制胃肠蠕动已被广泛研究,且控制蠕动的肠内回路已确认,具体为感觉神经元感觉肠壁的张力和肠内容物等,中间神经元形成了各种肠神经元之间的信息链,运动神经元则改变肠的活动性,分泌神经元调节胃肠液和酶的分泌。由此可知,肠蠕动可被肠运动神经元所调控。运动神经元包括兴奋性和抑制性运动神经元，其中兴奋性运动神经元释放刺激肌肉收缩和黏膜腺分泌的神经递质，例如乙酰胆碱、P 物质(SP)、5-羟色胺；抑制性运动神经元释放抑制肌肉收缩的神经递质，例如血管活性肠肽(Vasoactive intestinal peptide，VIP)和一氧化氮(NO)等。诸多以往研究结果已证实，功能性便秘患者及动物模型中上述重要神经递质产生了不同程度的变化。Tomita 等人的研究指出，与健康人相比较，女性慢传输型便秘患者肠道内 P 物质含量有所降低。谢昌营等人的研究表明，慢传输型便秘大鼠结肠内一氧化氮含量显著降低。很多研究者开展了某些具有缓解便秘功能的药物对肠道神经递质的影响方面的研究。

本书前几章研究结果表明，盐酸洛哌丁胺诱导后的便秘小鼠肠道推进率显著减弱，结肠组织形态结构也发生明显改变，而经酸马奶干预后，肠道推进率显著增加，结肠组织形态结构也有所恢复，尤其是 84 h 酸马奶组结肠组织已接近正常组。经酸马奶干预后，由 4 组小鼠肠道微生物结构和短链脂肪酸含量的比较可推测，36 h 和 84 h 酸马奶对小鼠便秘症状的缓解可能是通过改变部分肠道菌群相对丰度和短链脂肪酸组成来促进肠蠕动的。已知，肠蠕动可被运动神经元和神经递质所调控。因此本章从酸马奶对便秘小鼠肠神经系统中几种重要神经递质的影响的角度，进一步探讨酸马奶增加肠蠕动、缓解便秘的可能作用机制。

7.2 试验材料

7.2.1 主要试剂

一氧化氮检测试剂盒、一氧化氮合酶(NOS)检测试剂盒、乙酰胆碱检测试剂盒、小鼠 P 物质酶联免疫检测试剂盒、小鼠 5-羟色胺酶联免疫检测试剂盒、总蛋白定量检测试剂盒、生理盐水。

7.2.2 主要仪器设备

电子天平、恒温水浴锅、紫外分光光度计、酶标仪、快速混匀器、恒温培养箱等。

7.3 试验方法

7.3.1 组织样品处理

将正常组、自然恢复组、36 h 酸马奶组和84 h 酸马奶组共40 只小鼠脱颈椎处死后，剖腹取出结肠组织。将每只小鼠结肠组织放入冰生理盐水中清洗去粪便、血液等，滤纸滤干，切碎分成等量 3 份，称重，记录，放入试管中，第一份加入结肠质量 9 倍的冰生理盐水(用于一氧化氮、一氧化氮合酶、总蛋白的测定)，第二份加入 9 倍体积的乙酰胆碱检测试剂盒中试剂六(用于乙酰胆碱的测定)，第三份加入 9 倍体积的磷酸缓冲液(pH =7.4)(用于 5 - 羟色胺、P 物质的测定)，将上述 3 份样品在低温下用手工匀浆器匀浆充分，之后 3 000 r/min、4 ℃离心 15 min，取上清液即可获得 10% 组织匀浆，进行后续试验。

7.3.2 组织总蛋白含量测定

取一定量的第一份和第二份样品的 10% 组织匀浆，分别用生理盐水按 1∶9 稀释成 1% 组织匀浆，再按表 7 - 1 的步骤测定组织样品 OD 值，将其带入式(7 - 1)中进行总蛋白含量的计算。该数值用于测定一氧化氮(第一份)、一氧化氮合酶(第一份)、乙酰胆碱(第二份)。

$$\text{总蛋白含量}(\mu g/mL)=\frac{\text{测定 OD 值}-\text{空白 OD 值}}{\text{标准 OD 值}-\text{空白 OD 值}}\times \text{标准品含量}(563\ \mu g/mL)\times \text{样品测定前稀释倍数} \quad (7-1)$$

表 7－1　组织总蛋白含量的测定操作

	空白管	标准管	测定管
双蒸水/μL	20	—	—
563 μg/mL 标准品/μL	—	20	—
待测样品/μL	250	250	250
旋涡混匀,37 ℃孵育 30 min			
终止剂应用液/μL	750	750	750
旋涡混匀,静置 5 min,波长 62 nm,光径 0.5 cm,双蒸水调零,测定各管 OD 值			

7.3.3　组织中一氧化氮的测定

取第一份样品的 10% 组织匀浆 300 μL,加入检测试剂盒中试剂一 100 μL,混匀,加入试剂二 100 μL,旋涡充分混匀后静置 10 min,3 500～4 000 r/min,离心 15 min,取 160 μL 上清液,按表 7－2 进行后续操作。测定结束,将所得各孔 OD 值带入式(7－2)中进行一氧化氮含量的计算。

$$一氧化氮含量(\mu mol/gprot)=\frac{测定\ OD\ 值-空白\ OD\ 值}{标准\ OD\ 值-空白\ OD\ 值}\times 标准品含量(20\ \mu mol/mL)\times 稀释倍数\div 待测样本蛋白含量(gprot/L) \tag{7-2}$$

表 7－2　组织一氧化氮的检测步骤

	空白孔	标准孔	测定孔
双蒸水/mL	0.16	—	—
20 μmol/L 标准品/mL	—	0.16	—
待测样本/mL	—	—	0.16
显色剂/mL	0.08	0.08	0.08
旋涡混匀,静置 15 min,波长 550 nm,酶标仪测定各孔 OD 值			

7.3.4　组织中一氧化氮合酶的测定

取第一份样品的 10% 组织匀浆 100 μL，按照一氧化氮合酶试剂盒中步骤测定样本吸光度值（见表 7－3），带入式（7－3）中计算其含量。

$$\text{活性(U/mgprot)}=\frac{\text{一氧化氮合酶测定 OD 值}-\text{空白 OD 值}}{\text{呈色物消光系数(nmol)}}\times\frac{\text{反应液总体积}}{\text{取样量}}\times\frac{\text{反应液总体积}}{\text{比色光径}\times\text{反应时间}}\div\text{待测样本蛋白含量(mgprot/L)}\qquad(7-3)$$

表 7－3　组织一氧化氮合酶的检测步骤

	空白管	测定管
双蒸水/μL	100	—
样本/μL	—	100
试剂一底物缓冲液/μL	200	200
试剂二促进剂/μL	10	10
试剂三显色剂/μL	100	100
混匀，37 ℃水溶准确反应 15 min		
试剂四透明剂/μL	100	100
试剂五终止液/μL	2 000	2 000
混匀，波长 530 nm，光径 1 cm，双蒸水调零测定各管 OD 值		

7.3.5　组织中乙酰胆碱的测定

取第二份样品的 10% 组织匀浆按乙酰胆碱检测试剂盒操作步骤进行检测（见表 7－4），之后将所得 OD 值带入式（7－4）计算组织中乙酰胆碱含量。

$$\text{乙酰胆碱含量(μg/mgprot)}=\frac{\text{测定 OD 值}-\text{测定空白 OD 值}}{\text{标准 OD 值}-\text{测定空白 OD 值}}\times\text{标准含量(400 μg/mL)}\times\text{样本测试前稀释倍数}\div\text{蛋白含量(mgprot/mL)}\qquad(7-4)$$

表 7-4　组织中乙酰胆碱的检测步骤

	空白管	标准管	测定管	测定空白
双蒸水/μL	50	40	—	—
1 mg/mL 标准品样本/μL	—	10	—	—
待测样本/μL	—	—	25	25
试剂一工作液/μL	100	100	100	—
混匀,室温静置 15 min				
试剂二终止剂/μL	50	50	50	50
试剂三显色剂/μL	50	50	50	50
试剂一工作液/μL	—	—	—	100
试剂四澄清剂/μL	—	—	25	25
混匀,静置 10 min,取 200 μL 于 96 孔板,在 550 nm 处酶标仪测定各孔 OD 值				

7.3.6　酶联免疫法检测组织中 5-羟色胺和 P 物质

取第三份样品的 10% 组织匀浆,按检测试剂盒中操作步骤进行测定(见表 7-5),5-羟色胺和 P 物质测定步骤基本一致。操作结束,使用 ELISA Calc 软件计算出标准曲线的回归方程,即可获得样品中 5-羟色胺和 P 物质含量。

表 7－5　组织中 5－羟色胺和 P 物质的检测步骤

	空白孔	标准孔	零孔	样品孔
标准品/μL	—	50	—	—
标准品、样品稀释液/μL	—	—	50	—
待测样本/μL	—	—	—	50
生物素抗原工作液/μL	—	50	50	50
轻摇，盖上封板膜，37 ℃孵育 60 min，之后揭掉封板膜，弃去液体，甩干，每孔加满洗涤液，静置 30 s 后弃去，如此重复 5 次，拍干				
亲和素－HRP/μL	—	50	50	50
轻摇，盖上封板膜，37 ℃孵育 60 min，之后揭掉封板膜，弃去液体，甩干，每孔加满洗涤液，静置 30 s 后弃去，如此重复 5 次，拍干				
显色剂 A/μL	50	50	50	50
显色剂 B/μL	50	50	50	50
轻摇，37 ℃避光显色 10 min				
终止液/μL	50	50	50	50
酶标仪检测：以空白孔调零，450 nm 波长下依次测量各孔的 OD 值				

7.3.7　统计学分析

各试验组数据以平均数 ± 标准差表示，采用 SPSS 17.0 软件进行数据统计分析。$P<0.05$ 表示组间具有显著差异，具有统计学意义。

7.4　结果与分析

7.4.1　酸马奶对便秘小鼠结肠内乙酰胆碱含量的影响

各组小鼠结肠内乙酰胆碱含量如图 7－1 所示。自然恢复组小鼠结肠内乙酰胆碱含量[(38.10 ± 5.92) μg/mgprot]显著低于正常组

[(45.71 ±5.89)μg/mgprot]和 84 h 酸马奶组[(48.43 ±6.57)μg/mgprot]($P<0.05$),而 36 h 酸马奶组该神经递质含量为[(43.23 ±5.02)μg/mgprot],与其他各组间均未产生显著差异。

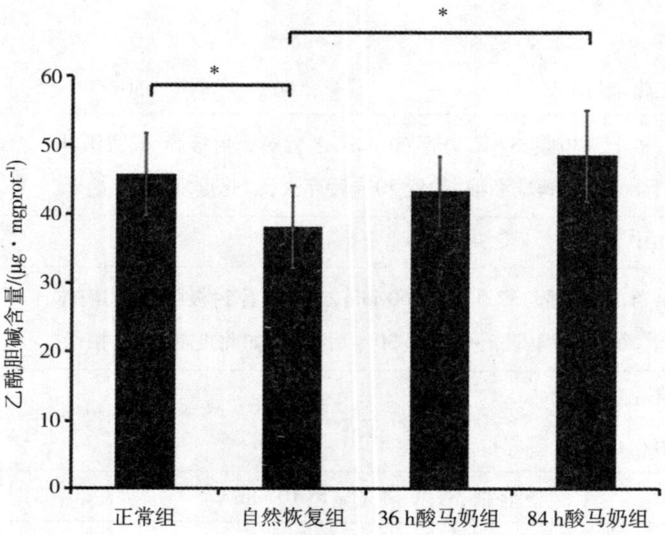

图 7-1　4 组小鼠结肠内乙酰胆碱含量

注:图中“ * ”表示两组间差异显著($P<0.05$)。

7.4.2　酸马奶对便秘小鼠结肠内 5-羟色胺含量的影响

各组小鼠结肠内 5-羟色胺含量如图 7-2 所示。正常组和 84 h 酸马奶组小鼠结肠内 5-羟色胺含量分别为(51.24 ±8.70)ng/mL、(52.09 ±9.72)ng/mL,均显著高于自然恢复组[(40.87 ±11.30)ng/mL]($P<0.05$),而 36 h 酸马奶组 5-羟色胺含量为(47.88 ±14.37)ng/mL,与其他各组无显著差异。

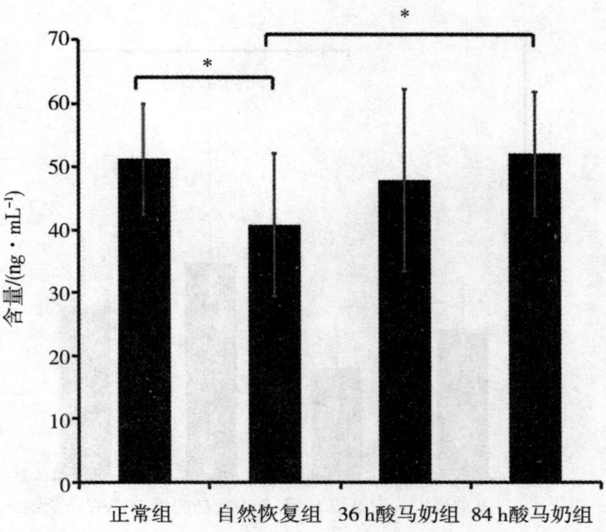

图 7－2　4 组小鼠结肠中 5－羟色胺含量

注:图中“＊”表示与其他组间差异显著($P<0.05$)。

7.4.3　酸马奶对便秘小鼠结肠内 P 物质含量的影响

各组小鼠结肠内 P 物质含量如图 7－3 所示。正常组和 36 h 酸马奶组小鼠结肠内 P 物质含量分别为(15.05±5.40) ng/mL 和(21.74±18.05) ng/mL,两者与其他组间无显著差异;自然恢复组 P 物质含量为(11.02±5.06) ng/mL,显著低于 84 h 酸马奶组[(17.46±6.46) ng/mL]($P<0.05$)。

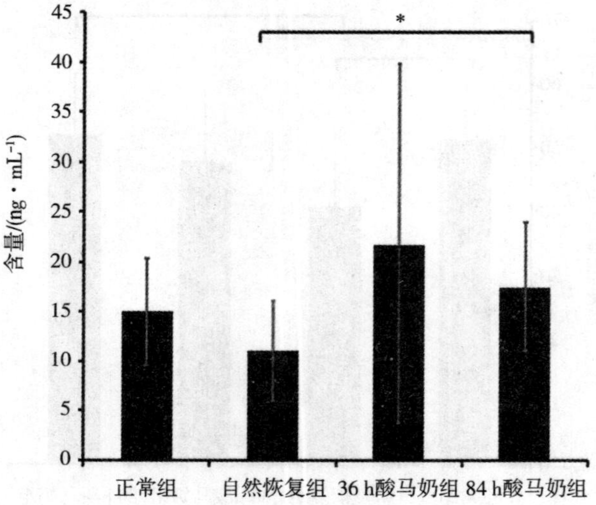

图 7-3 4 组小鼠结肠内 P 物质含量

注:图中“ * ”表示两组间差异显著($P<0.05$)。

7.4.4 酸马奶对便秘小鼠结肠内一氧化氮含量和一氧化氮合酶活性的影响

各组小鼠结肠内一氧化氮含量如图 7-4(a)所示。正常组和自然恢复组一氧化氮含量分别为(6.87 ± 4.20) μmol/gprot 和(10.06 ± 4.59) μmol/gprot, 36 h酸马奶组和 84 h 酸马奶组一氧化氮含量分别为(7.66 ± 5.27) μmol/gprot 和(7.97 ± 2.82) μmol/gprot。统计学分析结果表明 4 组间无显著差异。

4 组小鼠一氧化氮合酶活性的比较见图 7-4(b),一氧化氮合酶活性显著差异仅出现在自然恢复组和 84 h 酸马奶组间,且后者的活性为(12.04 ± 5.45) U/mgprot,显著低于前者[(18.02 ± 7.20) U/mgprot];正常组和 36 h 酸马奶组一氧化氮合酶活性分别为(13.69 ± 4.24) U/mgprot 和(13.20 ± 4.55) U/mgprot。

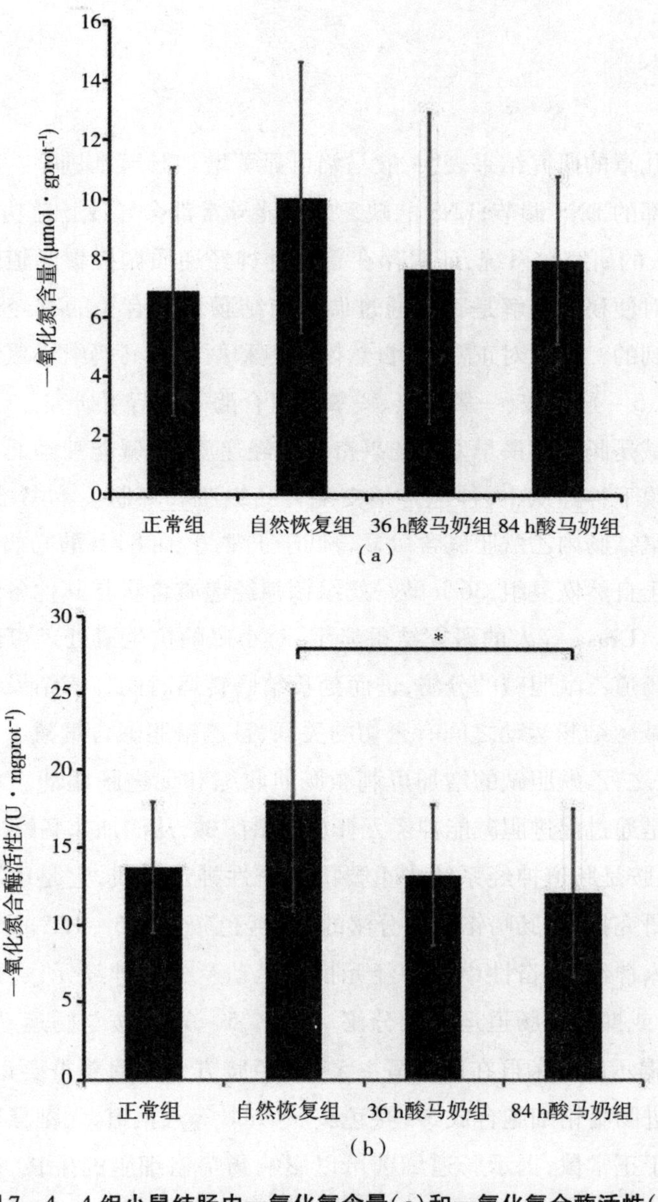

图 7-4　4 组小鼠结肠内一氧化氮含量(a)和一氧化氮合酶活性(b)

注:图中“ * ”表示两组间差异显著($P<0.05$)。

7.5 讨论

本书前几章的研究结果表明，酸马奶可显著增加肠道推进率。肠道运动功能主要受局部的ENS调节，ENS的缺乏或功能异常都会导致肠道功能紊乱。近年来，对ENS的研究较系统，证明存在着多种神经递质调控胃肠道的分泌和运动。酸马奶对便秘的缓解是否是通过调控与结肠运动有关的神经递质来调控肠蠕动而达到的？本章对正常组、自然恢复组和两个酸马奶组小鼠结肠内乙酰胆碱、P物质、5－羟色胺、一氧化氮、一氧化氮合酶等进行了研究。

乙酰胆碱是肠道中最早发现的兴奋性神经递质，胆碱能神经元存在于肌间神经丛和黏膜下神经从中，神经末梢支配胃肠纵肌和环肌。本书结果表明，自然恢复组小鼠结肠内乙酰胆碱含量显著低于正常组，而84 h酸马奶组乙酰胆碱含量显著高于自然恢复组，36 h酸马奶组该神经递质含量与其他各组间均未产生显著差异。Grasa等人的研究结果显示，对小鼠的抗生素处理可激活Toll样受体和减少肠道乙酰胆碱的分泌，进而延长结肠转运时间。该结果表明肠道菌群－乙酰胆碱－结肠运动之间有密切的关联，且乙酰胆碱含量减少会导致结肠运动下降；反之，乙酰胆碱的增加可刺激肠肌收缩和促进肠蠕动。本书中84 h酸马奶可能是通过促进胆碱能神经元释放乙酰胆碱，从而加速肠蠕动的。

5－羟色胺是肠道神经系统中重要的兴奋性神经递质，它是由肠嗜铬细胞所产生。有研究指出，肠嗜铬细胞分泌的5－羟色胺通过5－HT_{1p}受体激活黏膜下内源性传入神经，兴奋性中间神经元抵达运动及分泌神经元，通过不同的神经递质，兴奋或抑制胃肠道运动及分泌。可见，5－羟色胺与肠运动关系密切。Sjögren等人揭示肠道菌群在调节宿主5－羟色胺方面扮演着重要角色，且产孢子细菌会促进肠嗜铬细胞合成5－羟色胺。Uribe等人报道，无菌鼠肠道中嗜铬细胞形态大于正常鼠，揭示肠道细菌可以影响肠嗜铬细胞的生长，进而导致肠动力的改变。Fukumoto等人发现肠道菌群可以发酵膳食纤维而产生短链脂肪酸，它们可以促进嗜铬细胞释放5－羟色胺从而加速肠蠕动。目前相关研究也已证实，5－羟色胺能激活肠内胆碱能神经元胞体兴奋，促进乙酰胆碱的释放，也能促进其他内在抑制性神经递质，从而调节肠管收缩或舒张。由上述研究结果可知，肠嗜铬细胞所产生的5－羟色胺可促进肠道菌群与肠神经系统之间的联系。本书结果显示,正常组和84 h酸马奶组小鼠结肠内5-羟色胺含量均显著高于自然恢复组(40.87±11.30 ng/mL)($P<0.05$)。该结果结合以往研究结果,可推测,84 h酸马奶可能通过增加5-羟色胺的分泌,促进胆碱能神经元释放乙酰胆碱,最终加速肠蠕动。

P物质是最早发现的神经肽,可通过激活胃肠道内胆碱能神经元释放乙酰胆碱,发挥一系列生理学效应,它不仅是肠道收缩的强促进剂,也可能是胃肠黏膜修复的重要因子。Schulz等人指出P物质在肠道运动的调节中扮演着重要角色,且在正常和病理情况下具有不同的含量。同时诸多研究结果也表明,兴奋性神经递质的减少可能是引起便秘的因素。本书中,84 h酸马奶组P物质含量显著高于自然恢复组,表明84 h酸马奶可通过促进结肠内P物质含量的增加而促进肠蠕动。同时,在第5章中我们发现84 h酸马奶组小鼠肠道黏膜恢复较为明显,结合本章内容可推测,84 h酸马奶可能是通过促进P物质的显著增加来促进胃肠黏膜的有效修复的。

一氧化氮是胃肠道最主要的抑制性神经递质,能引起胃肠道平滑肌松弛,参与调节胃肠道运动功能和内脏感觉。已有大量基础试验证实,一氧化氮对胃肠运动起抑制作用,当一氧化氮含量减少时,胃肠运动加快;反之,胃肠运动减慢。一氧化氮合酶是一氧化氮合成过程中唯一的酶,也是产生一氧化氮的关键限速酶。一氧化氮合酶活性增强代表一氧化氮合成增加,表明一氧化氮的释放也会增加。本书中对一氧化氮含量和一氧化氮合酶活性的测定结果显示,虽然自然恢复组一氧化氮含量和一氧化氮合酶活性均高于其他3组,但一氧化氮合酶活性显著差异仅出现在自然恢复组和84 h酸马奶组间,而4组小鼠一氧化氮含量均未产生显著差异。该结果说明酸马奶可能对小鼠结肠内一氧化氮含量的影响并不大。

值得注意的是,虽然36 h酸马奶组小鼠结肠内乙酰胆碱、P物质、5-羟色胺含量均高于自然恢复组,而一氧化氮含量和一氧化氮合酶活性低于自然恢复组,但由于个体差异较大,其与自然恢复组未产生统计学差异。该结果说明,36 h酸马奶组也可促进乙酰胆碱、P物质、5-羟色胺等兴奋性神经递质的分泌,但其作用不稳定。

7.6 小结

肠道菌群可通过其代谢物和神经递质的介导影响肠神经兴奋性和胃肠道功能。为了进一步探讨酸马奶缓解便秘的作用机制，本书对 4 组小鼠结肠内 3 种兴奋性神经递质乙酰胆碱、P 物质、5 - 羟色胺和一种抑制性神经递质一氧化氮的含量及一氧化氮合酶活性进行了测定。由试验结果可推测，84 h 酸马奶可能是通过促进乙酰胆碱、P 物质、5 - 羟色胺等增加而加速肠蠕动的，同时 P 物质的增加也促进胃肠黏膜的修复。然而 36 h 酸马奶在促使上述兴奋性神经递质增加方面的作用不及 84 h 酸马奶，且其作用的稳定性较差。

参考文献

[1] Hyland N P, Cryan J F. Microbe - host interactions: influence of the gut microbiota on the enteric nervous system [J]. Developmental Biology, 2016, 417: 182 - 187.

[2] Lyte M. Probiotics function mechanistically as delivery vehicles for neuroactive compounds: microbial endocrinology in the design and use of probiotics [J]. BioEssays, 2011, 33: 574 - 581.

[3] Husebye E, Hellström P M, Sundler F, et al. Influence of microbial species on small intestinal myoelectric activity and transit in germ - free rats [J]. American Journal of Physiology. Gastrointestinal and Liver Physiology, 2001, 280: 368 - 380.

[4] Andromanakos N P, Pinis S I, Kostakis A I. Chronic severe constipation: current pathophysiological aspects, new diagnostic approaches, and therapeutic options [J]. European Journal of Gastroenterology Hepatology, 2015, 27: 204 - 214.

[5] Wood J D. Effects of bacteria on the enteric nervous system - Implications for the irritable bowel syndrome [J]. Journal of Clinical Gastroenterology, 2007, 41: 7 - 19.

[6] 杨平. 鸡肠道 Cajal 间质细胞与肠神经系统的特性研究[D]. 南京：南京农业

大学,2012.

[7]Shekhar C,Monaghan P J,Morris J,et al. Rome Ⅲ functional constipation and irritable bowel syndrome with constipation are similar disorders within a spectrum of sensitization, regulated by serotonin[J]. Gastroenterology, 2013, 145(4): 749-757.

[8]朱飞叶. 芍药甘草汤对慢传输型便秘大鼠的作用及其对肠神经递质及 SCF/c-kit 信号途径的作用机制研究[D]. 杭州:浙江中医药大学,2014.

[9]Tomita R,Fujisaki S,Ikeda T,et al. Role of nitric oxide in the colon of patients with slow-transit constipation[J]. Deseases of the Colon& Rectum,2002,45(2):593-600.

[10]Tomita R. Regulation of the peptidergic nerves(substance P and vasoactive intestinal peptide)in the colon of women patients with slow transit constipation: an in vitro study[J]. Hepato-Gastroenterology, 2008, 55(82-83): 500-507.

[11]谢昌营,吴成成,肖慧荣. 麻元通便止痛汤对慢传输型便秘大鼠肠道推进功能的影响[J]. 中国实验方剂学杂志,2018,24(7):154-158.

[12]Grasa L,Abecia L,Forcén R,et al. Antibiotic-induced depletion of murine microbiota induces mild inflammation and changes in toll-like receptor patterns and intestinal motility[J]. Microbial Ecology,2015,70:835-848.

[13]姜迎娅,陈忠. 动物肠道主要神经递质及其受体分布与功能的研究进展[J]. 家畜生态学报,2013,34(9):1-7.

[14]Yano J M,Yu K,Donaldson G P,et al. Indigenous bacteria from the gut microbiota regulate host serotonin biosynthesis[J]. Cell,2015,161:264-276.

[15]Sjögren K,Engdahl C,Henning P,et al. The gut microbiota regulates bone mass in mice[J]. Journal of Bone and Mineral Research,2012,27:1357-1367.

[16]Uribe A,Alam M,Johansson O,et al. Microflora modulates endocrine cells in the gastrointestinal mucosa of the rat[J]. Gastroenterology, 1994, 107: 1259-1269.

[17]Fukumoto S,Tatewaki M,Yamada T,et al. Short-chain fatty acids stimulate colonic transit via intraluminal 5-HT release in rats[J]. American Journal of

Physiology, 2003, 284: 1269 – 1276.

[18] Ray K. Gut microbiota: host – microbe interactions and the enteric nervous system: a new connection? [J]. Nature Reviews Gastroenterology & Hepatology, 2015, 12(6): 311.

[19] Peracchi M, Basilisco G, Tagliabue R, et al. Postprandial gut peptide plasma levels in women with idiopathic slow transit constipation [J]. Scandinavian Journal of Gastroenterology, 1999, 34: 25 – 28.

[20] EL – Salhy M, Norrgard O. Colonic neuroendocrine peptide levels in patients with chronic idiopathic slow transit constipation [J]. Usala Journal of Medical Sciences, 1998, 103: 223 – 230.

[21] Beckett E A H, Ro S, Bayguinov Y, et al. Kit signaling is essential for development and maintenance of interstitial cells of Cajal and electrical rhythmicity in the embryonic gastrointestinal tract [J]. Developmental Dynamics, 2007, 236 (1): 60 – 72.

[22] 桂林. 泻剂结肠模型大鼠胃肠道肠嗜铬细胞、肥大细胞形态学研究[D]. 石家庄: 河北医药大学, 2006.

[23] Chan O T M, Chiles L, Levy M, et al. Smoothelin expression in the gastrointestinal tract: implication in colonic inertia [J]. Appled Immunohistochemistry Molecular Morphology, 2013, 21: 452 – 459.

附　录

附录 1　酸马奶发酵过程中 pH 值与乳糖、葡萄糖、半乳糖含量

时间/h	pH 值	乳糖含量/(g·100 g^{-1})	葡萄糖含量/(g·100 g^{-1})	半乳糖含量/(g·100 g^{-1})
0	6.13 ±0.006	7.143 ±0.213	—	0.021 ±0.002 6
6	5.66 ±0.010^{A}	5.069 ±0.137^{A}	0.009 ±0.002 7^{a}	0.046 ±0.001 9^{A}
12	4.57 ±0.006^{B}	4.972 ±0.276^{A}	0.010 ±0.002 6^{a}	0.047 ±0.002 8^{A}
18	4.32 ±0.000^{C}	4.353 ±0.153^{A}	0.008 ±0.002 1^{a}	0.041 ±0.002 8^{A}
24	4.16 ±0.010^{D}	4.342 ±0.129^{A}	0.006 ±0.000 4^{a}	0.029 ±0.000 5^{b}
30	4.02 ±0.006^{E}	4.252 ±0.152^{A}	0.003 ±0.000 2^{b}	0.020 ±0.000 7^{C}
36	3.86 ±0.006^{F}	4.055 ±0.031^{A}	0.001 ±0.000 2^{C}	0.018 ±0.000 3^{d}
42	3.78 ±0.000^{G}	3.463 ±0.055^{B}	—	0.016 ±0.000 1^{e}
48	3.72 ±0.006^{H}	3.246 ±0.437^{B}	—	0.018 ±0.002 2^{e}
54	3.67 ±0.006^{I}	2.458 ±0.460^{B}	—	0.019 ±0.001 5^{e}
60	3.65 ±0.006^{j}	2.143 ±0.219^{B}	—	0.020 ±0.001 5^{e}
66	3.63 ±0.006^{j}	1.890 ±0.020^{B}	—	0.021 ±0.000 2^{e}

续表

时间/h	pH 值	乳糖含量/（g·100 g^{-1}）	葡萄糖含量/（g·100 g^{-1}）	半乳糖含量/（g·100 g^{-1}）
72	3.62 ±0.000^{j}	1.314 ±0.042^{C}	—	0.021 ±0.000 9^{e}
78	3.61 ±0.006^{j}	0.842 ±0.029^{D}	—	0.021 ±0.000 8^{e}
84	3.59 ±0.006^{k}	0.343 ±0.037^{E}	—	0.021 ±0.002 2^{e}
90	3.58 ±0.006^{k}	0.013 ±0.000^{F}	—	0.024 ±0.000 5^{e}
96	3.59 ±0.006^{k}	0.016 ±0.010^{F}	—	0.014 ±0.000 7^{F}

注:结果以平均数 ± 标准差表示。表中数值上标中相同字母表示相较于前一时间点差异不显著,不同小写字母表示相较于前一时间点差异显著($P<0.05$),不同大写字母表示相较于前一时间点差异极显著($P<0.01$)。“—”表示未检出。

附录 2　酸马奶发酵过程中乳酸、乙酸、丙酸、丁酸含量

单位:g/100 g

时间/h	乳酸	乙酸	丙酸	丁酸
0	0.278 ±0.028	0.040 ±0.005	0.001 0 ±0.000 3	0.023 ±0.001
6	0.549 ±0.022^{A}	0.125 ±0.004^{A}	0.016 7 ±0.000 7^{A}	0.350 ±0.012^{A}
12	0.581 ±0.035^{A}	0.130 ±0.007^{A}	0.016 9 ±0.000 8^{A}	0.353 ±0.029^{A}
18	0.614 ±0.022^{A}	0.149 ±0.007^{b}	0.016 7 ±0.002 1^{A}	0.324 ±0.005^{A}
24	0.751 ±0.026^{b}	0.176 ±0.008^{b}	0.012 6 ±0.000 1^{b}	0.359 ±0.018^{A}
30	0.864 ±0.037^{A}	0.198 ±0.009^{C}	0.000 8 ±0.000 1^{C}	0.407 ±0.027^{b}
36	0.988 ±0.025^{d}	0.209 ±0.008^{C}	0.001 6 ±0.000 1^{D}	0.436 ±0.011^{b}
42	1.059 ±0.035^{d}	0.212 ±0.007^{C}	0.004 4 ±0.000 3^{E}	0.461 ±0.017^{b}
48	1.176 ±0.125^{d}	0.220 ±0.021^{C}	0.004 2 ±0.000 5^{E}	0.526 ±0.056^{b}
54	1.258 ±0.085^{d}	0.228 ±0.023^{C}	0.007 3 ±0.003 7^{E}	0.581 ±0.036^{b}
60	1.300 ±0.123^{d}	0.236 ±0.023^{C}	0.006 3 ±0.002 7^{E}	0.632 ±0.065^{b}

续表

单位:g/100 g

时间/h	乳酸	乙酸	丙酸	丁酸
66	1.487 ± 0.029^{d}	0.280 ± 0.008^{C}	0.0026 ± 0.0001^{E}	0.746 ± 0.012^{b}
72	1.486 ± 0.009^{d}	0.298 ± 0.001^{d}	0.0002 ± 0.0000^{F}	0.796 ± 0.010^{c}
78	1.518 ± 0.014^{d}	0.337 ± 0.004^{E}	0.0006 ± 0.0001^{g}	0.861 ± 0.005^{d}
84	1.586 ± 0.046^{d}	0.350 ± 0.009^{E}	0.0102 ± 0.0008^{H}	0.885 ± 0.087^{d}
90	1.660 ± 0.034^{d}	0.377 ± 0.009^{E}	0.0118 ± 0.0003^{H}	1.025 ± 0.026^{d}
96	1.619 ± 0.027^{d}	0.369 ± 0.006^{E}	0.0105 ± 0.0004^{i}	0.947 ± 0.024^{e}

注:结果以平均数 ± 标准差表示。表中数值上标中相同字母表示相较于前一时间点差异不显著,不同小写字母表示相较于前一时间点差异显著($P<0.05$),不同大写字母表示相较于前一时间点差异极显著($P<0.01$)。

附录3　酸马奶发酵过程中粗蛋白和脂肪含量

时间/h	粗蛋白含量/%	粗脂肪含量/($g \cdot 100\ mL^{-1}$)
0	2.46 ± 0.24	1.25 ± 0.16
12	2.53 ± 0.29	1.23 ± 0.19
24	2.57 ± 0.26	1.28 ± 0.14
36	2.62 ± 0.33	1.33 ± 0.25
48	2.69 ± 0.35	1.31 ± 0.27
60	2.72 ± 0.27	1.36 ± 0.28
72	2.76 ± 0.27	1.37 ± 0.31
84	2.77 ± 0.37	1.43 ± 0.24
96	2.81 ± 0.36	1.39 ± 0.23

注:结果以平均数 ± 标准差表示。

附录4 酸马奶发酵过程中游离氨基酸组成及含量

单位：mg/100 mL

氨基酸	0 h	12 h	24 h	36 h	48 h	60 h	72 h	84 h	96 h
Asp	1.54 ±0.07	1.28 ± 0.04^{A}	1.79 ± 0.06^{b}	1.81 ± 0.04^{b}	3.06 ± 0.15^{C}	3.43 ± 0.36^{C}	4.81 ± 0.06^{d}	5.27 ± 0.27^{d}	5.25 ± 0.28^{d}
Thr	6.18 ±0.03	6.00 ± 0.08^{a}	6.02 ± 0.09^{a}	6.61 ± 0.05^{b}	7.18 ± 0.04^{C}	7.19 ± 0.04^{C}	8.41 ± 0.06^{D}	8.41 ± 0.05^{D}	9.00 ± 0.08^{e}
Ser	4.30 ±0.03	4.21 ± 0.04^{A}	4.22 ± 0.04^{A}	4.22 ± 0.08^{A}	4.79 ± 0.06^{b}	4.21 ± 0.07^{c}	4.79 ± 0.07^{D}	4.80 ± 0.09^{D}	4.81 ± 0.05^{D}
Glu	21.89 ±0.12	11.40 ± 0.10^{A}	19.80 ± 0.06^{B}	22.21 ± 0.05^{C}	25.80 ± 0.08^{D}	33.64 ± 0.14^{E}	36.03 ± 0.11^{F}	38.40 ± 0.09^{G}	29.42 ± 0.09^{H}
Gly	1.27 ±0.04	1.20 ±0.09	—	—	—	—	—	—	—
Ala	2.32 ±0.49	1.21 ± 0.08^{A}	4.20 ± 0.07^{B}	4.20 ± 0.08^{B}	6.60 ± 0.06^{C}	7.20 ± 0.06^{D}	9.00 ± 0.05^{E}	10.80 ± 0.05^{F}	8.40 ± 0.07^{G}
Cys	8.93 ±0.07	9.00 ± 0.07^{a}	9.00 ± 0.09^{a}	9.00 ± 0.08^{a}	10.80 ± 0.08^{B}	11.41 ± 0.06^{C}	12.60 ± 0.07^{D}	12.61 ± 0.05^{D}	15.60 ± 0.08^{E}
Val	8.71 ±0.07	3.61 ± 0.06^{A}	—	7.19 ± 0.06^{B}	9.01 ± 0.06^{C}	9.00 ± 0.05^{C}	13.19 ± 0.07^{D}	13.80 ± 0.08^{E}	13.79 ± 0.05^{E}
Ile	2.08 ±0.07	1.21 ± 0.06^{A}	—	1.79 ± 0.04^{B}	1.80 ± 0.04^{B}	3.01 ± 0.07^{C}	4.20 ± 0.06^{D}	4.20 ± 0.05^{D}	3.615 ± 0.04^{E}
Leu	3.87 ±0.06	3.60 ± 0.07^{A}	4.81 ± 0.07^{B}	—	4.82 ± 0.05^{C}	—	2.99 ± 0.05^{D}	3.01 ± 0.06^{D}	3.61 ± 0.04^{E}
Tyr	—	—	—	—	4.79 ±0.10	—	—	—	—
Phe	3.54 ± 0.06^{A}	—	—	—	—	6.01 ± 0.06^{B}	7.20 ± 0.05^{C}	8.40 ± 0.07^{D}	7.81 ± 0.04^{E}

续表

氨基酸	0 h	12 h	24 h	36 h	48 h	60 h	72 h	84 h	96 h
His	13.12 ± 0.05	10.20 ± 0.04^{A}	10.79 ± 0.05^{B}	13.21 ± 0.06^{C}	13.22 ± 0.06^{C}	14.40 ± 0.07^{D}	14.41 ± 0.04^{D}	14.41 ± 0.06^{D}	15.01 ± 0.05^{E}
Lys	1.29 ± 0.03	1.21 ± 0.03^{a}	2.41 ± 0.05^{B}	—	—	2.41 ± 0.04^{C}	2.42 ± 0.04^{C}	2.42 ± 0.05^{C}	1.81 ± 0.06^{D}
TFAA	79.08 ± 0.33	54.13 ± 0.55^{A}	63.05 ± 0.33^{B}	70.25 ± 0.44^{C}	91.87 ± 0.23^{D}	101.90 ± 0.65^{E}	120.07 ± 0.39^{F}	126.53 ± 0.92^{G}	118.12 ± 0.74^{H}
EFAA	25.67 ± 0.26	15.64 ± 0.30^{A}	13.24 ± 0.20^{B}	15.59 ± 0.05^{C}	22.81 ± 0.11^{D}	27.62 ± 0.17^{E}	38.42 ± 0.34^{F}	40.25 ± 0.35^{G}	39.63 ± 0.16^{h}

注：结果以平均数 ± 标准差表示。表中数值上标中相同字母表示相较于前一时间点差异不显著，不同小写字母表示相较于前一时间点差异显著（$P < 0.05$），不同大写字母表示相较于前一时间点差异极显著（$P < 0.01$）。“—”表示未检测到。

附录5　酸马奶发酵过程中脂肪酸组成及含量

单位：mg/L

脂肪酸	0 h	12 h	24 h	36 h	48 h	60 h	72 h	84 h	96 h
C4:0	68.99 ± 0.06	88.05 ± 2.03^{A}	79.21 ± 0.40^{b}	78.67 ± 0.71^{b}	80.45 ± 1.29^{c}	98.47 ± 8.02^{c}	108.84 ± 6.59^{c}	102.61 ± 1.36^{c}	93.68 ± 2.83^{d}
C6:0	0.49 ± 0.10	0.83 ± 0.08^{a}	1.93 ± 0.13^{b}	0.97 ± 0.09^{C}	1.51 ± 0.10^{d}	1.08 ± 0.11^{d}	1.78 ± 0.24^{e}	2.16 ± 0.21^{e}	1.14 ± 0.14^{f}
C8:0	1.79 ± 0.41	5.39 ± 0.08^{A}	8.56 ± 0.94^{b}	6.92 ± 0.03^{b}	9.70 ± 0.11^{C}	9.48 ± 0.96^{C}	8.08 ± 0.39^{C}	13.29 ± 1.65^{d}	11.41 ± 0.38^{d}
C10:0	6.63 ± 2.78	10.22 ± 0.94	11.71 ± 1.63	11.77 ± 1.36	19.59 ± 1.00^{a}	15.15 ± 1.27^{b}	10.52 ± 3.05^{b}	28.78 ± 0.47^{c}	23.18 ± 0.28^{D}

续表

脂肪酸	0 h	12 h	24 h	36 h	48 h	60 h	72 h	84 h	96 h
C11:0	0.14 ±0.02	0.25 ±0.42	—	0.71 ±1.07	1.43 ±1.38	0.46 ±0.68	—	—	—
C12:0	4.85 ±0.93	6.93 ±0.16	9.70 ±0.12^{A}	7.37 ±0.09^{B}	12.26 ±4.21^{B}	9.97 ±1.42^{B}	8.19 ±0.37^{B}	22.99 ±0.35^{C}	14.82 ±1.51^{d}
C13:0	0.06 ±0.06	0.01 ±0.01	0.05 ±0.02^{a}	0.07 ±0.02^{a}	1.56 ±1.33^{a}	1.26 ±1.56^{a}	0.20 ±0.35^{a}	—	—
C14:0	2.33 ±0.92	4.38 ±0.26	6.59 ±0.04^{A}	4.37 ±0.19^{B}	5.61 ±0.11^{C}	5.23 ±0.25^{C}	5.61 ±0.33^{C}	11.79 ±0.98^{d}	8.18 ±0.61^{e}
C14:1	—	0.35 ±0.30	0.95 ±0.01	0.40 ±0.34	0.10 ±0.09	0.94 ±0.14	0.94 ±0.04	1.03 ±0.07	1.05 ±0.93
C15:0	—	—	—	—	—	—	—	—	—
C15:1	—	—	—	—	—	—	—	—	—
C16:0	7.93 ±0.22	11.20 ±0.30^{a}	18.84 ±0.13^{b}	11.49 ±0.08^{c}	14.08 ±0.23^{d}	14.08 ±0.14^{d}	13.46 ±0.39^{d}	30.37 ±0.58^{e}	20.40 ±0.11^{f}
C16:1	1.92 ±0.14	3.36 ±0.10^{A}	5.67 ±0.73^{B}	3.68 ±0.23^{C}	4.71 ±0.24^{d}	5.24 ±0.01^{d}	4.44 ±0.16^{e}	8.44 ±0.32^{F}	7.90 ±0.28^{F}
C17:0	1.29 ±0.21	0.79 ±0.02	0.85 ±0.02^{A}	1.14 ±0.04^{b}	2.63 ±0.12^{C}	1.38 ±0.17^{D}	—	—	—
C17:1	—	—	—	—	—	—	—	—	—
C18:0	1.20 ±0.17	1.32 ±0.20	3.07 ±0.07^{A}	0.97 ±0.10^{B}	1.55 ±0.03^{C}	1.32 ±0.08^{d}	0.89 ±0.04^{e}	1.09 ±0.05^{F}	2.06 ±0.09^{G}
C18:1*n*9c	1.93 ±0.11	2.70 ±0.05^{A}	4.64 ±0.18^{B}	2.97 ±0.06^{C}	3.71 ±0.04^{D}	3.76 ±0.13^{D}	3.34 ±0.62^{D}	7.41 ±3.42^{D}	5.93 ±0.31^{D}
C18:2*n*6c	1.49 ±0.03	2.09 ±0.11^{a}	3.22 ±0.04^{B}	2.04 ±0.08^{C}	2.40 ±0.01^{d}	2.41 ±0.08^{d}	2.25 ±0.19^{d}	4.61 ±0.66^{e}	3.86 ±0.22^{e}
C18:3*n*6	—	—	—	—	—	1.07 ±0.09^{A}	2.39 ±0.27^{B}	3.05 ±1.04^{B}	2.84 ±0.56^{B}
C18:3*n*3	6.41 ±0.04	11.09 ±0.11^{A}	17.93 ±0.07^{B}	11.57 ±0.17^{C}	13.47 ±0.18^{D}	13.25 ±0.09^{D}	10.69 ±3.79^{D}	24.76 ±8.26^{D}	18.01 ±0.32^{D}
C20:0	—	—	—	—	—	—	—	—	—

续表

脂肪酸	0 h	12 h	24 h	36 h	48 h	60 h	72 h	84 h	96 h
C20:1*n*9	—	—	—	—	—	—	—	—	—
C20:2	—	—	—	—	—	—	—	—	—
C20:3*n*6	—	—	—	—	—	—	—	—	—
C20:3*n*3	—	—	—	—	—	—	—	—	—
C20:4*n*6	—	—	—	—	—	—	—	—	—
C20:5*n*3	0.31 ± 0.27	—	—	0.79 ± 0.35^{A}	0.47 ± 0.02^{AB}	—	0.49 ± 0.01^{B}	0.48 ± 0.02^{B}	0.45 ± 0.08^{B}
C21:0	—	—	—	—	—	—	—	—	—
C22:0	—	—	—	—	—	—	0.19 ± 0.03	0.16 ± 0.01	0.18 ± 0.02
C22:1*n*9	—	—	—	—	—	—	—	—	—
C22:2	—	—	—	—	—	—	—	—	—
C22:6*n*3	—	—	—	1.78 ± 0.52^{a}	2.31 ± 0.22^{a}	0.26 ± 0.02^{B}	3.24 ± 1.98^{B}	0.79 ± 0.31^{B}	1.68 ± 1.36^{B}
C23:0	2.99 ± 0.09	11.86 ± 0.10^{A}	5.61 ± 0.60^{B}	—	12.38 ± 2.69^{c}	10.13 ± 1.42^{c}	2.79 ± 0.58^{d}	2.53 ± 0.71^{d}	5.42 ± 2.03^{d}
C24:0	—	—	—	—	2.74 ± 1.20	—	0.69 ± 0.15^{a}	0.06 ± 0.03^{b}	0.27 ± 0.04^{c}
C24:1*n*9	—	5.09 ± 1.80^{a}	—	—	—	—	0.55 ± 0.32^{b}	0.26 ± 0.14^{b}	—

注：结果以平均数 ± 标准差表示。表中数值上标中相同字母表示相较于前一时间点差异不显著，不同小写字母表示相较于前一时间点差异显著（$P < 0.05$），不同大写字母表示相较于前一时间点差异极显著（$P < 0.01$）。“—”表示未检出。

附录6　酸马奶发酵过程中挥发性风味物质组成及含量

化合物名称	化学式	相对峰面积/%								
		0 h	12 h	24 h	36 h	48 h	60 h	72 h	84 h	96 h
酸类化合物										
辛酸	$C_8H_{16}O_2$	4.17 ±0.47	1.02 ±0.16^{a}	1.56 ±0.22^{a}	2.11 ±0.62^{a}	2.69 ±0.91^{a}	2.96 ±0.57^{a}	3.05 ±0.90^{a}	3.01 ±0.16^{a}	3.23 ±0.32^{a}
正癸酸	$C_{10}H_{20}O_2$	1.87 ±0.67	0.30 ±0.08	0.57 ±0.06^{a}	0.62 ±0.32^{a}	0.92 ±0.23^{b}	1.05 ±0.22^{b}	0.96 ±0.31^{b}	1.11 ±0.07^{b}	1.16 ±0.01^{b}
肉豆蔻油酸	$C_{14}H_{26}O_2$	0.02 ±0.01	0.05 ±0.01	0.04 ±0.02	0.05 ±0.01	0.07 ±0.02	0.08 ±0.00	0.09 ±0.01	0.11 ±0.01	0.1 ±0.02
4－甲基－2－氧代戊酸	$C_6H_{10}O_3$	0.18 ±0.03	0.03 ±0.00^{a}	0.05 ±0.01^{a}	0.31 ±0.03^{B}	0.28 ±0.05^{B}	0.26 ±0.02^{B}	0.19 ±0.01^{C}	0.12 ±0.02^{D}	0.1 ±0.01^{e}
异戊酸	$C_5H_{10}O_2$	—	—	0.09 ±0.03^{a}	0.24 ±0.06^{a}	0.41 ±0.04^{b}	0.55 ±0.09^{b}	0.73 ±0.19^{b}	0.53 ±0.08^{b}	0.75 ±0.07^{c}
异丁酸	$C_4H_8O_2$	—	—	—	0.03 ±0.01	0.03 ±0.00	0.09 ±0.02^{a}	0.08 ±0.05^{a}	0.05 ±0.00^{a}	0.07 ±0.03^{a}
9－癸烯酸	$C_{10}H_{18}O_2$	—	—	—	—	—	0.11 ±0.02	0.09 ±0.01	0.10 ±0.01	0.10 ±0.01
月桂酸	$C_{12}H_{24}O_2$	—	—	—	—	—	—	—	0.11 ±0.02	0.10 ±0.01

续表

化合物名称	化学式	相对峰面积/%								
		0 h	12 h	24 h	36 h	48 h	60 h	72 h	84 h	96 h
亚油酸	$C_{18}H_{32}O_2$	—	0.05 ±0.01^{a}	0.05 ±0.01^{a}	0.08 ±0.02^{a}	0.06 ±0.02^{a}	0.10 ±0.01^{a}	0.08 ±0.01^{a}	—	—
醛类化合物										
异戊醛	$C_5H_{10}O$	14.19 ±0.44	—	—	—	—	—	—	—	—
苯乙醛	C_8H_8O	13.94 ±0.93	—	—	—	—	—	—	—	—
酯类化合物										
辛酸乙酯	$C_{10}H_{20}O_2$	12.27 ±0.42	51.24 ±1.98^{A}	48.36 ±1.22^{A}	46.02 ±1.67^{A}	39.26 ±1.11^{b}	37.52 ±1.63^{b}	32.69 ±2.58^{b}	32.62 ±1.34^{b}	30.06 ±2.29^{b}
癸酸乙酯	$C_{12}H_{24}O_2$	9.37 ±0.80	21.53 ±0.74^{A}	22.59 ±3.08^{A}	22.11 ±0.22^{A}	24.27 ±2.77^{A}	24.09 ±1.34^{A}	22.84 ±1.50^{A}	25.81 ±1.27^{A}	23.62 ±2.49^{A}
9-癸烯酸乙酯	$C_{12}H_{22}O_2$	3.44 ±0.44	6.44 ±0.60^{a}	7.11 ±1.10^{a}	6.61 ±0.11^{a}	7.77 ±1.22^{a}	7.80 ±0.53^{a}	7.70 ±0.45^{a}	9.16 ±0.08^{b}	8.32 ±1.11^{b}
月桂酸乙酯	$C_{14}H_{28}O_2$	1.22 ±1.08	3.29 ±0.34	3.67 ±0.73	3.48 ±0.16	4.78 ±1.19	4.79 ±0.14	4.18 ±0.07^{a}	5.52 ±0.18^{b}	5.06 ±0.90^{b}
乳酸乙酯	$C_5H_{10}O_3$	0.39 ±0.03	1.31 ±0.87	0.58 ±0.18	0.64 ±0.01	0.60 ±0.09	0.87 ±0.14	1.21 ±0.09	1.23 ±0.06	1.59 ±0.24
辛酸异戊酯	$C_{13}H_{26}O_2$	0.04 ±0.02	0.06 ±0.01	0.07 ±0.01	0.07 ±0.01	0.10 ±0.03	0.11 ±0.02	0.12 ±0.02	0.12 ±0.01	0.13 ±0.02
壬酸乙酯	$C_{11}H_{22}O_2$	0.87 ±0.02	0.14 ±0.01	0.13 ±0.02	0.12 ±0.01	0.13 ±0.01	0.13 ±0.01	0.10 ±0.02	0.13 ±0.01	0.11 ±0.01
反油酸乙酯	$C_{20}H_{38}O_2$	0.14 ±0.03	0.23 ±0.02	0.27 ±0.05	0.22 ±0.06	0.32 ±0.08	0.37 ±0.01	0.40 ±0.02	0.50 ±0.04	0.37 ±0.18

续表

化合物名称	化学式	相对峰面积/%								
		0 h	12 h	24 h	36 h	48 h	60 h	72 h	84 h	96 h
十四酸乙酯	$C_{16}H_{32}O_2$	0.13 ±0.03	0.20 ±0.03	0.22 ±0.03	0.21 ±0.02	0.31 ±0.11	0.33 ±0.01	0.32 ±0.02	0.39 ±0.03	0.33 ±0.05
棕榈酸甲酯	$C_{17}H_{34}O_2$	0.31 ±0.07	0.03 ±0.01[a]	0.03 ±0.02[a]	0.03 ±0.01[a]	0.05 ±0.03[a]	0.06 ±0.01[a]	0.05 ±0.02[a]	0.06 ±0.02[a]	0.05 ±0.01[a]
11－十八碳烯酸甲酯	$C_{19}H_{36}O_2$	1.05 ±0.10	0.22 ±0.08[A]	0.11 ±0.03[A]	0.09 ±0.01[A]	0.10 ±0.02[A]	0.08 ±0.01[A]	0.04 ±0.02[A]	0.08 ±0.01[A]	0.07 ±0.03[A]
正十九酸甲酯	$C_{20}H_{40}O_2$	0.24 ±0.08	0.02 ±0.01[a]	0.01 ±0.01[a]	0.01 ±0.01[a]	0.01 ±0.01[a]	0.01 ±0.00[a]	0.01 ±0.00[a]	0.01 ±0.00[a]	0.01 ±0.00[a]
乙酸乙酯	$C_4H_8O_2$	—	2.18 ±0.43[a]	1.44 ±0.11[a]	1.65 ±0.31[a]	1.43 ±0.19[a]	1.49 ±0.05[a]	1.09 ±0.24[a]	2.96 ±0.20[B]	2.53 ±0.28[B]
乳酸异戊酯	$C_8H_{16}O_3$	—	0.10 ±0.01[A]	0.04 ±0.01[b]	0.09 ±0.05[b]	0.14 ±0.04[b]	0.24 ±0.04[b]	0.33 ±0.03[c]	0.31 ±0.02[c]	0.38 ±0.02[d]
乙酸异戊酯	$C_7H_{14}O_2$	—	0.50 ±0.19[a]	0.28 ±0.04[a]	0.27 ±0.08[a]	0.28 ±0.09[a]	0.29 ±0.15[a]	0.26 ±0.08[a]	0.64 ±0.07[B]	0.58 ±0.06[B]
丁位壬内酯	$C_9H_{16}O_2$	—	0.01 ±0.00	0.02 ±0.00	0.02 ±0.00	0.02 ±0.01	0.02 ±0.00	0.02 ±0.00	0.02 ±0.00	0.01 ±0.00
正己酸乙酯	$C_8H_{16}O_2$	—	0.26 ±0.10[a]	0.15 ±0.06[a]	0.15 ±0.02[a]	0.10 ±0.04[a]	0.10 ±0.02[a]	0.07 ±0.01[a]	0.07 ±0.01[a]	0.06 ±0.01[a]
庚酸乙酯	$C_9H_{18}O_2$	—	0.03 ±0.01[a]	0.03 ±0.01[a]	0.02 ±0.01[a]	0.02 ±0.01[a]	0.01 ±0.00[a]	0.01 ±0.00[a]	0.01 ±0.00[a]	0.02 ±0.01[a]
辛酸丙酯	$C_{11}H_{22}O_2$	—	0.06 ±0.02[a]	0.07 ±0.02[a]	0.03 ±0.02[a]	—	—	0.02 ±0.01[a]	0.07 ±0.03[b]	0.05 ±0.01[b]
戊酸甲酯	$C_6H_{12}O_2$	0.09 ±0.01	—	—	—	—	—	—	—	—

续表

化合物名称	化学式	相对峰面积/%								
		0 h	12 h	24 h	36 h	48 h	60 h	72 h	84 h	96 h
辛酸甲酯	$C_9H_{18}O_2$	0.14 ±0.01	—	—	—	—	—	—	—	—
12-甲基十四烷酸甲酯	$C_{16}H_{32}O_2$	0.45 ±0.06	—	—	—	—	—	—	—	—
11,14-二十碳二烯酸甲酯	$C_{21}H_{38}O_2$	0.56 ±0.02	—	—	—	—	—	—	—	—
醇类化合物										
异戊醇	$C_5H_{12}O$	14.34 ±1.76	3.43 ±1.62^{a}	2.06 ±0.40^{a}	3.58 ±0.50^{a}	4.11 ±0.52^{a}	5.33 ±0.16^{a}	5.33 ±0.16^{a}	5.22 ±0.16^{a}	4.10 ±0.62^{a}
1-壬醇	$C_9H_{20}O$	0.54 ±0.03	0.04 ±0.00^{A}	0.08 ±0.02^{A}	0.07 ±0.01^{A}	0.09 ±0.02^{A}	0.090.01^{A}	0.09 ±0.01^{A}	0.10 ±0.01^{A}	0.10 ±0.01^{A}
正辛醇	$C_8H_{18}O$	0.93 ±0.11	0.09 ±0.01^{A}	0.09 ±0.01^{A}	0.11 ±0.01^{b}	0.10 ±0.01^{b}	0.13 ±0.01^{c}	0.12 ±0.02^{c}	0.12 ±0.02^{c}	0.12 ±0.01^{c}
2,7-二甲基-4,5-十一烷二醇	$C_{13}H_{28}O_2$	0.09 ±0.01	0.02 ±0.01^{a}	0.03 ±0.01^{a}	0.21 ±0.02^{B}	0.19 ±0.01^{B}	0.17 ±0.01^{B}	0.15 ±0.01^{B}	0.08 ±0.01^{C}	0.07 ±0.02^{C}
2-庚醇	$C_7H_{16}O$	0.49 ±0.05	0.01 ±0.00^{A}	0.03 ±0.01^{b}	0.16 ±0.03^{c}	0.14 ±0.02^{c}	0.12 ±0.01^{c}	0.06 ±0.01^{d}	0.04 ±0.01^{d}	0.04 ±0.01^{d}
正庚醇	$C_7H_{16}O$	0.63 ±0.13	0.18 ±0.02^{a}	0.14 ±0.03^{a}	0.16 ±0.03^{a}	0.15 ±0.02^{a}	0.08 ±0.01^{B}	0.11 ±0.02^{B}	0.1 ±0.01^{B}	0.17 ±0.03^{B}
乙醇	C_2H_6O	—	8.78 ±0.94^{A}	8.04 ±2.23^{A}	8.70 ±0.98^{A}	7.52 ±0.60^{A}	8.23 ±2.75^{A}	12.47 ±3.10^{A}	7.70 ±1.33^{A}	14.00 ±1.28^{b}
二异丁基甲醇	$C_9H_{20}O$	—	0.11 ±0.02^{a}	0.12 ±0.02^{a}	0.12 ±0.01^{a}	0.10 ±0.02^{a}	0.12 ±0.01^{a}	0.13 ±0.02^{a}	0.15 ±0.01^{a}	0.14 ±0.03^{a}

续表

化合物名称	化学式	相对峰面积/%								
		0 h	12 h	24 h	36 h	48 h	60 h	72 h	84 h	96 h
2-壬基醇	$C_9H_{20}O$	—	—	—	0.07 ± 0.01^A	0.10 ± 0.02^A	0.11 ± 0.02^A	0.06 ± 0.02^A	0.01 ± 0.01^A	0.04 ± 0.01^A
1-戊醇	$C_5H_{12}O$	0.34 ±0.02	—	—	—	—	—	—	—	—
1-己烯-3-醇	$C_6H_{12}O$	0.27 ±0.01	—	—	—	—	—	—	—	—
2-乙基己醇	$C_8H_{18}O$	1.17 ±0.07	—	—	—	—	—	—	—	—
1,14-十四烷二醇	$C_{14}H_{30}O_2$	0.29 ±0.03	—	—	—	—	—	—	—	—
(Z,Z,Z)-9,12,15-十八三烯-1-醇	0.35 ±0.02	—	—	—	—	—	—	—	—	—
酮类化合物										
2-壬酮	$C_9H_{18}O$	0.99 ±0.14	0.11 ± 0.01^a	0.15 ± 0.04^a	0.12 ± 0.01^a	0.06 ± 0.01^b	0.03 ± 0.01^c	0.04 ± 0.00^c	0.03 ± 0.01^c	0.04 ± 0.03^c
2-庚酮	$C_7H_{14}O$	1.08 ±0.03	0.08 ± 0.02^A	0.17 ± 0.04^A	0.19 ± 0.04^A	0.11 ± 0.02^b	0.08 ± 0.01^C	0.05 ± 0.02^C	0.02 ± 0.01^C	0.04 ± 0.01^C

续表

化合物名称	化学式	相对峰面积/%								
		0 h	12 h	24 h	36 h	48 h	60 h	72 h	84 h	96 h
3－羟基－2－丁酮	$C_4H_8O_2$	0.33 ± 0.06	0.70 ± 0.26	0.62 ± 0.07	0.29 ± 0.16	1.15 ± 1.09	—	2.26 ± 0.61[a]	—	—
甲基庚烯酮	$C_8H_{14}O$	0.19 ± 0.04	—	—	—	—	—	—	—	—
芳香族化合物										
苯乙醇	$C_8H_{10}O$	2.00 ± 0.31	0.43 ± 0.09[a]	0.46 ± 0.05[a]	0.55 ± 0.09[a]	0.84 ± 0.09[b]	1.01 ± 0.04[c]	1.33 ± 0.16[c]	1.63 ± 0.08[c]	1.18 ± 0.06[d]
乙酸苯乙酯	$C_{10}H_{12}O_2$	—	0.03 ± 0.01[a]	0.04 ± 0.00[a]	0.02 ± 0.01[b]	0.04 ± 0.01[b]	0.05 ± 0.01[b]	0.06 ± 0.01[b]	0.10 ± 0.02[b]	0.16 ± 0.01[c]

注：结果以平均数 ± 标准差表示。表中数值上标中相同字母表示相较于前一时间点差异不显著，不同小写字母表示相较于前一时间点差异显著（$P < 0.05$），不同大写字母表示相较于前一时间点差异极显著（$P < 0.01$）。“—”表示未检出。

附录7 造模过程中各组小鼠体重变化

单位:g

分组	n	第1天	第3天	第5天	第7天	第9天	第11天	第13天	第15天
正常组	19	33.37 ± 1.99	32.60 ± 2.11	33.22 ± 2.04	33.47 ± 1.89	33.45 ± 1.71	33.72 ± 1.66	34.00 ± 1.61	34.09 ± 1.72
模型组1	20	33.12 ± 2.34	32.18 ± 2.63	32.20 ± 2.41	31.94 ± 2.42*	31.85 ± 2.39*	31.72 ± 2.48**	31.84 ± 2.33**	31.90 ± 2.27**
模型组2	19	32.94 ± 2.24	32.13 ± 2.31	32.35 ± 2.12	31.89 ± 2.15*	31.41 ± 2.37**	31.61 ± 2.25**	31.59 ± 2.54**	31.76 ± 2.15**

注:结果以平均数 ± 标准差表示,表中“ * ”表示相较于正常组差异显著($P<0.05$),“ ** ”表示相较于正常组差异极显著($P<0.01$)。

附录8 造模过程中各组小鼠进食量变化

单位:g

分组	n	第1天	第3天	第5天	第7天	第9天	第11天	第13天	第15天
正常组	19	6.31 ± 0.11	5.66 ± 0.07	5.78 ± 0.21	6.03 ± 0.13	5.96 ± 0.17	6.04 ± 0.15	6.03 ± 0.22	6.16 ± 0.13
模型组1	20	5.76 ± 0.68	5.10 ± 0.38	5.22 ± 0.40	5.03 ± 0.61	4.99 ± 0.60	5.07 ± 0.48*	4.94 ± 0.43*	4.97 ± 0.43*
模型组2	19	6.37 ± 1.33	5.35 ± 0.62	5.38 ± 0.27*	5.14 ± 0.61*	5.29 ± 0.53	5.09 ± 0.25**	4.97 ± 0.21**	5.03 ± 0.26**

注:结果以平均数 ± 标准差表示,表中“ * ”表示相较于正常组差异显著($P<0.05$),“ ** ”表示相较于正常组差异极显著($P<0.01$)。

附录 9　造模过程中两组小鼠饮水量变化

单位：mL

分组	n	第 1 天	第 3 天	第 5 天	第 7 天	第 9 天	第 11 天	第 13 天	第 15 天
正常组	19	8.40 ± 0.39	5.82 ± 0.54	8.18 ± 0.22	8.43 ± 0.39	8.85 ± 0.89	9.13 ± 2.44	8.88 ± 1.45	9.16 ± 1.72
模型组 1	20	8.475 ± 0.25	6.55 ± 0.66	8.00 ± 2.62	7.53 ± 0.87	7.48 ± 1.23	7.54 ± 1.07	7.48 ± 1.02	7.14 ± 1.39
模型组 2	19	8.35 ± 0.13	6.23 ± 0.81	7.63 ± 1.51	7.63 ± 1.21	7.43 ± 1.83	7.45 ± 1.96	7.38 ± 1.88	7.18 ± 1.76

注：结果以平均数 ± 标准差表示。

附录 10　造模过程中各组小鼠粪便含水率变化

单位：%

分组	n	第 1 天	第 3 天	第 5 天	第 7 天	第 9 天	第 11 天	第 13 天	第 15 天
正常组	19	47.27 ± 1.68	40.97 ± 2.72	42.09 ± 2.19	42.87 ± 1.85	44.56 ± 1.78	46.56 ± 2.75	46.74 ± 2.63	46.50 ± 1.91
模型组 1	20	47.79 ± 1.11	41.70 ± 5.08	41.70 ± 4.48	39.87 ± 4.71	39.46 ± 3.15	38.47 ± 3.64	37.22 ± 3.87	36.87 ± 3.66*
模型组 2	19	48.39 ± 1.80	42.44 ± 2.59	41.99 ± 2.07	40.07 ± 2.26	38.35 ± 2.57	36.71 ± 3.29*	36.84 ± 3.41*	36.46 ± 3.69*

注：结果以平均数 ± 标准差表示，表中“*”表示相较于正常组差异显著（$P < 0.05$）。

附录 11　四组小鼠结肠内主要神经递质含量

分组	n	乙酰胆碱含量/($\mu g \cdot mgprot^{-1}$)	5-羟色胺含量/($ng \cdot mL^{-1}$)	P 物质含量/($ng \cdot mL^{-1}$)	一氧化氮含量/($\mu mol \cdot gprot^{-1}$)	一氧化氮合酶活性/($U \cdot mgprot^{-1}$)
正常组	10	45.71 ± 5.89^{a}	51.24 ± 8.70^{a}	15.05 ± 5.40	6.87 ± 4.20^{a}	13.69 ± 4.24
自然恢复组	10	38.10 ± 5.92^{b}	40.87 ± 11.30	11.02 ± 5.06	10.06 ± 4.59	18.02 ± 7.20
36 h 酸马奶组	10	43.23 ± 5.02	47.88 ± 14.37^{a}	21.74 ± 18.05	7.66 ± 5.27	13.20 ± 4.55
84 h 酸马奶组	10	48.43 ± 6.57^{a}	52.09 ± 9.72^{a}	17.46 ± 6.46^{a}	7.97 ± 2.82^{a}	12.04 ± 5.45^{a}

注:结果以平均数±标准差表示,表中上标小写字母“a”表示相较于自然恢复组差异显著($P<0.05$),上标小写字母“b”表示相较于正常组差异显著($P<0.05$)。